立人天地

破解孩子的心理密码

Crack Child's Psychological Password

[奥地利] 阿尔弗雷德·阿德勒 著
Alfred Adler
金玉 编译

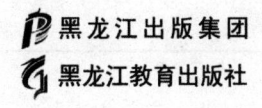

黑龙江出版集团
黑龙江教育出版社

图书在版编目（CIP）数据

破解孩子的心理密码 /（奥）阿德勒著；金玉编译．
-- 哈尔滨：黑龙江教育出版社，2015.9
ISBN 978-7-5316-8461-9

Ⅰ.①破… Ⅱ.①阿… ②金… Ⅲ.①儿童心理学—人格心理学—研究
Ⅳ.①B844.1

中国版本图书馆 CIP 数据核字 (2015) 第 225576 号

破解孩子的心理密码
POJIE HAIZI DE XINLI MIMA

作　　者	〔奥〕阿尔弗雷德·阿德勒
译　　者	金　玉 编译
责任编辑	宋舒白　吴　迪
装帧设计	Amber Design 琥珀视觉
责任校对	徐秀梅

出版发行	黑龙江教育出版社（哈尔滨市南岗区花园街 158 号）
印　　刷	北京万博诚印刷有限公司
新浪微博	http://weibo.com/longjiaoshe
公众微信	heilongjiangjiaoyu
E－mail	heilongjiangjiaoyu@126.com
电　　话	010—64187564

开　　本	700×1000　1/16
印　　张	13.75
字　　数	160 千
版　　次	2015 年 11 月第 1 版
印　　次	2020 年 1 月第 5 次印刷
书　　号	ISBN 978-7-5316-8461-9
定　　价	28.00 元

前言

一段神奇的旅程——破解孩子的心理密码

　　我们经常会看到孩子会在生活中做出这样的事情：当你不让他出去玩，以外面下雨或者太冷的理由拒绝他的时候，他时不时表现出生气或沮丧的样子，尖叫或两脚乱踢；有的孩子更让家长头疼，他们经常在半夜12点或者早上6点突然醒来对你说："我要吃冰淇凌。"而当你用会吃坏肚子为由不让他吃时，他就以苦恼对抗你的反对。

　　家长经常会觉得，现在的孩子实在太难讨好了。你尽量满足他，给他他所想要的，他不但不领情，还常常无缘无故地大哭；刚刚还赖在地上打滚的孩子，不到一刻钟，又跑过来向你撒娇；正在你的怀里撒泼打滚，一会儿又抓你的头发挠你的脸，让你既无奈又无语。

　　尽管我们不太明白孩子的许多动作和行为，但是一定要记得，孩子在儿童和幼年时期，除了探索自己的身体，并找出自己能做的事之外，他还发现了他身体内潜伏的一种奇怪的因子——家长所谓的"情绪"，而心理的因素诱发他做出各种各样的行为。

三四岁、五六岁的孩子其实是不能很好地表述自己的具体感知的，他只是靠感觉行事，只有经过多次的经验和教训，他才会慢慢地体会到自己不同的情绪及接下来不同的行为表现。当他开始有了这种领悟，你就可以开始教他掌握、控制自己的情绪了。

家长通常不理解孩子的情绪，孩子更不知道家长也是有情绪的。对于孩子而言，自己的家长是很伟大的，他们需要什么，就从家长那里索取。快乐了，就跟家长在一起亲热；难过了，从家长那里寻求安慰。事实上，孩子害怕你在他们面前显露脆弱的一面，他想像不到你需要什么，但他会尝试一种别的方式，使你恢复原来坚强的样子。

情绪的转变突如其来、难以掌握，但任何人都可以掌握自己的表达方式，你的孩子也不例外。其实孩子的情绪控制是由家长调教的，教孩子控制情绪的首要条件是父母也要有平稳的情绪。当你发觉自己的压力过大，经常发脾气时，就放自己几天假，或即使只是一两个小时的休息，都会让你轻松不少。

《破解孩子的心理密码》相对于一般的育儿教子书而言，即使它不能成为你教育孩子成绩上进以及弥补孩子性格缺陷的蓝本，但是它却可以帮你分析孩子情绪和性格的方方面面，从各个方面指引你发掘孩子的情绪和性格。本书不仅汲取了奥地利著名心理学家阿德勒在人格心理方面的精华思想，还采纳了贴合时代的教育孩子情绪的核心观点。根据阿德勒的观点，孩子身上发生的各种心理问题，都有着复杂而深刻的家庭原因、社会原因。而按照心理治疗的程序和步骤，让孩子看到自己的努力方向，强化他们的社会情感，重建他们的社会目标，鼓励他们的斗志，努力改变自身，并一步一步将孩子的生活引向正轨。

本书将为众多因孩子的负面心理、叛逆行为而烦恼的父母、教师提供良好的指导，并通过各种真实的案例提供解答办法，让你更加了解孩子不同时期的心理，引领你走进孩子的心理世界，破解孩子的心理、情绪密码。让你从此在教育孩子上不再感到无所适从，进而培养出快乐、自信、独立、勇敢的孩子。

译者

2015年10月

目录

CRACK CHILD's psychological password

1 / 第一章 孩子的自我认知和自我指导

我们的孩子并非很无知	3
别忽略了孩子的人格	5
别总是让生活考验孩子	7
什么样的孩子需要特别呵护	10
要当好父母，先学好"个体心理学"	13
怎样帮孩子打开"陌生社会"的门	15

19 / 第二章 孩子人格的统一

想了解孩子，先看看他的"后背"	21
惩罚错误，但不要"挖地三尺"	24
从"夜尿"看出了嫉妒	26
草率地避开困难，不可取	30
别用孩子的错误惩罚他	32

目标下得越早，优秀来得越快	35
每个孩子都是有待雕琢的璞玉	38

41／第三章 超越自卑 接近优秀

自卑情结显而易见	43
不要给孩子自欺欺人的机会	45
自卑也会带来优越感	47
越渴望优秀，越能超常发挥	49
接受孩子"贴合实际的雄心"	51
不要让孩子失去平衡感	53
勇敢是超越自卑的第一行动	56
"坏孩子"也是宝	58
自卑和优越的源头在哪里	63

67／第四章 引导孩子走向优秀

让孩子和社会建立友谊	69
培养孩子的社会情感	71
处境不同的孩子会有不同的情感表现	74
懒惰的孩子怎么教	76
善待有"小毛病"的孩子	78
孩子的毛病大多是家长制造的	81

85／第五章 自卑了，哪里说理

完美家长易教出自卑儿童	87
目标过于高远会引起自卑	90
冷漠容易让孩子产生自卑	94
孩子怯懦了，我们来帮	97
让孩子勇于"照镜子"	99
爱他，就给他归属感	102
荒谬的"自卑与生俱来"	105
告诉孩子，"你很棒"	107

111／第六章 孩子在家庭中的地位

没有孩子的家庭是不完善的	113
给予孩子情感依赖	115
孩子的地位能超过伴侣吗	117
教育孩子要有"性别对待"	120

125／第七章 孩子的心理处境

| 同一环境下的孩子也要因材施教 | 127 |
| 处在新情境里的孩子的心理 | 129 |

提高孩子的"心理弹性"　　　　　　　　　132
变故更容易看清孩子的性格　　　　　　　134
家长可以适当"视而不见"　　　　　　　136
无奈的新情境——离异家庭的孩子　　　138
孩子对新环境能否适应的测试　　　　　　142

145 ／第八章　在学校里的孩子

入学前的心理准备　　　　　　　　　　　147
跳级、留级、更换老师和男女同校　　　149
教师的犀利　　　　　　　　　　　　　　152
培养孩子的入学兴趣　　　　　　　　　　155
智力不是学习好的首要因素　　　　　　　157
不进步，是孩子心理停滞了　　　　　　　159
学习能力也能遗传　　　　　　　　　　　161

165 ／第九章　在外面的孩子

孩子成长的"危险暗礁"　　　　　　　　167
"不知情表扬"下的自负孩子　　　　　　169
让孩子和陌生人说话　　　　　　　　　　171
大起大落的环境会影响孩子性格　　　　　173
隔辈人的"最爱"会危及孩子　　　　　　176

孩子的阅读领域　　　　　　　　　　　　178

181／第十章　青春期的孩子

过于苛刻对孩子没什么好处　　　　　　183
青春期了，就想脱离家庭了　　　　　　185
假勇敢，真怯懦　　　　　　　　　　　187
把更多的关心留给"胆小鬼"女孩　　　189
别避讳跟孩子谈性　　　　　　　　　　191
辨别性早熟的真假　　　　　　　　　　194

197／第十一章　父母和教师的失误和责任

大男孩和小男孩的不同教育　　　　　　199
家长和教师的宽容　　　　　　　　　　201
自信易垮不易建　　　　　　　　　　　203

第一章
孩子的自我认知和自我指导

Crack Child's psychological password

破解孩子的心理密码

　　孩子的无意识习惯是在孩子的儿童时期，在他们不知不觉的过程中形成的。但不管孩子的习惯是好是坏，都不能怪孩子，家长应该思考自己对孩子的教育和培养。孩子从小形成的一些不良习惯，到了七八岁已经基本上定型了，家长要尊重这个事实。而有些家长对于孩子的一些坏习惯，不从自己身上找原因，而是把所有的责任都推到孩子身上；不是引导孩子通过努力去改正和克服，而是动辄打骂。这样做不仅是对孩子坏习惯的不负责，也是对自己缺点的纵容。

我们的孩子并非很无知

"现在的孩子啊，怎么能那么无知？"

"像我们那个年代，孩子多好管，现在的孩子怎么变成了这个样子。"

这是很多家长在教育孩子的问题上常常发的牢骚。教育是什么？如果简单归结的话，教育就是一种自我认知和自我引导的过程。对孩子是这样，对家长也同样适用。不过具体说来，教育对于大人和孩子之间存在具体的差异。教育在成年人身上具体表现为自我引导，而对于孩子们来说，教育是家长如何引导孩子，让孩子体会到这个引导的过程。当然了，如果我们愿意，完全可以放任孩子按照他们的意愿成长。而且，如果他们的一生足够长的话，一百年、二百年，他们当然也能成长为可以适应现在文明社会的人。显然，我们的一生没有那么多的时间可以用在自我无限制地成长上，所以孩子的成长需要家长的引导和教导。

现今的许多家长总是在责怪自己的孩子，说他们淘气、不听话、学习不好……甚至说孩子无知。但是，孩子为什么无知呢？对于这一点，许多家长始终没有弄明白，因为他们根本就没有意识到一个人的才能、智力、品质不是与生俱来的，而是来自于后天的教育。不要说孩子，就是成年人也要认识自己及情感和爱憎的原因。认识自己，本身就已相当困难，对于知识面和生活经验都非常欠缺的孩子来说，更是加倍的难事了。

许多家长都喜欢这样的孩子：服从、礼貌、俯首帖耳，觉得这样的孩子好管教。但是家长们却没有考虑到，如果每个家庭都是这样的孩子，那么孩子自由的天性就遭到了扼杀。他们变得毫无生气，终日生活在不要吵闹、不要顽皮、不要说谎、要守规矩等的环境中。对他们而言，生命成为一个漫长的否定过程。在很多专业人士看来，这种教育是低俗教育，它只能培养出人的低俗品质，即很听话、唯命是从、害怕批评、举动不违礼俗、不犯过错、从不怀疑别人教给的东西等。塞德尔兹博士认为：循规蹈矩的儿童，长大成人以后必然会成为俗物。

小哈恩是个活泼好动的孩子，经常和同龄的小朋友在外面玩耍嬉戏，为此他的父亲哈赛多次训斥他："孩子，你要老实待在家里！不要总在外面风风火火地瞎闹。到了考试的时候，如果你的成绩不好，看我怎么收拾你！"哈恩虽然嘴上答应着，可是背后照样我行我素。每当小哈恩犯错误时，哈赛总是一顿训斥，邻居们都说就是因为哈赛太严厉了，哈恩才会比较叛逆。如果哈赛能好好和孩子讲道理，哈恩就不是现在这样不听话了。

孩子无知，是因为

缺乏教育或者家长的教育不合理。虽然家长都一直在说素质教育尤为重要，但是他们自己却不知道素质是什么，只是一味地按自己的心愿，培养听话懂礼貌的孩子，并且一再要求学习成绩。这种单方面的教育，只能造成孩子知识的匮乏，由此被人们认为无知。

别忽略了孩子的人格

　　说到孩子的人格问题，估计好多人都会露出惊异的眼神。连家长都没有弄清楚人格的教育呢，更何况孩子？人格的概念千般万种，也千奇百怪，每个人的理解都有不同。不过即使再不同，我们也要培养孩子人格的形成。因为人格的形成，是孩子心理发展趋向成熟的一个标志。

　　记得有个这样的故事：有位幼儿园教师带着班上的小朋友去纪念场所参观。进大门之前，教师让小朋友排成一排，并规定后面一个人要看着前面一个的后脑勺。小朋友参观完毕回到家里，家长问他们在纪念馆都看到了什么，他们回答说："前面小朋友的后脑勺。"

　　多少年来，人们对这种模式化、简单化的东西习以为常、见怪不怪，不觉其危害，从而不知扼杀了多少孩子的想象力和创造力。这些年大家接受了一些国外的教育思想和模式，就会发现，与外国的学生比较，中国的孩子往往考试成绩不错，但在活力和动手能力方面不如外国的孩子。这种情况跟中国家长轻视个性、创造性的培养方式不无关系。人格教育的缺失、薄弱会造成一些孩子独立意识、主体意识的缺乏。

　　在日常生活中，我们往往会用宠、惯、溺爱的方法来"疼爱"孩子，然后在他们犯错误的时候就用粗暴的方式对待他们，伤害他们的自尊。家长、教师总是数落孩子的缺点，让他觉得自己毫无优点，家长把孩子当作

完全隶属于自己的私有财产，教师把学生当作必须绝对服从自己的绵羊，这必然使他们从小丧失独立人格和自尊。

在孩子的人格形成中，有两方面可以重点塑造：开发智力和塑造行为。只不过我们在教育孩子的过程中只是开发了智力，而没有很好地塑造行为；或是只是塑造了行为，而没有很好地开发智力。孩子人格的形成，表现为孩子在无意识的情况下形成的各种习惯已经趋于稳定，孩子的意识已经在心理活动中占据主导地位，并有了独立的思想，也就有了做人的尊严，也就有了独立的人格。在培养孩子独立人格的方面，家长有很多方面需要注意：

尊重孩子的习惯：一种是孩子在无意识的情况下形成的习惯；另一种则是孩子通过有意识地努力学习知识与技能形成的新习惯。无意识的习惯在孩子七八岁的时候，已经基本上趋于稳定。而后一种习惯的形成，在少年时期才刚刚开始。

孩子的无意识习惯是在孩子的儿童时期、在他们不知不觉的过程中形成的。但不管孩子的习惯是好是坏，都不能怪孩子，家长应该思考自己对孩子的教育和培养。孩子从小形成的一些不良习惯，到了七八岁已经基本上定型了，家长要尊重这个事实。而有些家长，对于孩子的一些坏习惯，不从自己身上找原因，而是把所有的责任都推到孩子身上；不是引导孩子通过努力去改正和克服，而是动辄打骂。这样做不仅是对孩子坏习惯的不负责，也是对自己缺点的纵容。

除了要善待孩子无意识形成的习惯，还要尊重孩子在成长过程中形成的新习惯。这种习惯是孩子通过有意识地努力学习知识与技能，建立意识心理模式形成的新习惯。这种习惯既延续了无意识的习惯，也集成了现阶段的新习惯。如果家长在孩子形成无意识习惯的年龄段里，有效开发了孩子的智力，通过引导孩子对感性、形象问题的观察和思考，锻炼了孩子的思维，培养了孩子一种勤于思考的习惯，就会在下一阶段新习惯的形成过程中不至于让孩子偏离轨道太远。通过对知识与技能的学习来养成孩子良好的思维方式，从而在孩子智力开发上起到很好的促进作用。

别总是让生活考验孩子

有个小女孩在成长中会常常和周围熟悉的人重复这样的话："曾经有

一次咖啡壶掉在桌子上把我烫伤了。""我记得我3岁的时候，曾经从婴儿车上掉下来。"这个女孩在平时生活中是个孤僻、内向的孩子，记忆中也都是这种让她孤独无助的事情。这是因为她心里总是在责怪在她很小的时候大人没有花费更多的心思照顾她，以至于让她遭受到了很多危险事件。随着最初的记忆，她还往往会做着这样的梦："世界末日已经来到。当我午夜醒来的时候，发现天空被照得通红，天上的星星都纷纷往下坠落，我们生活的地球也将要和另外一个星球相撞，可是，就在撞毁之前，我也醒过来了。"当这个女孩被问及在生活中最害怕什么事情的时候，她的回答是，"我最怕我不能在生活中获得成功。"她的最初不安全的记忆和经常做的噩梦让她对现实生活失去了勇气，害怕失败和灾难的到来。

还有一个孩子，一个因为经常遗尿而和母亲不断发生冲突，从而被母亲带到医院来看病的12岁的男孩。他对医生说："妈咪看到我不在的时候到处找我，还非常害怕地跑到大街上叫我的名字，其实我只是躲在家里的柜子里故意让她找不到我。"在这个孩子看来，自己的乐趣就是：用找麻烦来引起别人的注意，他获取安全感的办法就是欺骗："虽然我生活中被忽视了，但是我却能愚弄别人。"而遗尿不过是他愚弄别人的方式中的一种而已。他想用这种方式来让自己成为中心，他母亲在寻找他的过程中表现出的焦虑和紧张，让他有了自己被重视的感觉。这个孩子和前面的那个女孩一样，他们对这个世界充满了不安的感觉，只有当自己的行为被别人担心的时候，他们才有被重视、被照顾的感觉，从而也就有了安全感。他最想体验的感觉就是：当他需要帮助的时候，别人就会来帮助他。

还有一个孩子，她说她最初的记忆就是妈妈让她推着妹妹的娃娃车。这个迹象表示：当她和比自己弱小的孩子在一起的时候，她才有安全感；当她和她的妈妈在一起的时候，她才有安全感。这就是为什么孩子在很小的时候应该待在父母的身边多一些。因为他们在童年需要父爱和母爱，也需要和自己的兄弟姐妹有合作关系。即使他们有和别人在一起的欲望，但这并不代表他们就对别人感兴趣。还有一个孩子，当被问及她最初的记忆时，她的回答是："我印象最深的是我和姐姐还有另外两个女孩在郊外游玩。"这说明她有与人交往的欲望，她还说，自己最害怕的就是别人不理她，这也是缺乏安全感和独立性的表现。

对于孩子缺乏安全感和独立性的情况，我们可以这么理解：假如无法找出孩子最初的错误，那么对孩子的教育就没有效果，最好的办法就是锻炼孩子怎么能更好地和周围人合作以及怎么能使他更加有勇气地面对生活。具体做法是：家长应该经常允许和鼓励孩子和别的孩子在一起游戏、

玩耍，允许他们按照自己的行为方式做事。

有的孩子在尝到苦果时，家长只会用粗暴的方式对待，这样只会让孩子的心理负担更加严重。我们总不能期待一个从来没有上过地理课的孩子在第一次的地理考试中就有非常好的成绩吧？只要家长对孩子有信心，相信他能克服成长过程中的困难。那么，面对接下来的困难，他就很容易跃过去。

对于缺乏安全感的孩子，家长还要让他们了解到生活的意义。一旦让他们懂得了生活的意义，孩子就像是有了打开生活之门的钥匙。要想拿到这把钥匙，就要鼓励孩子的合作之道，在日常生活及平时的游戏中，家长应该鼓励孩子和同龄孩子之间的合作，并让他们遵循自己的行为方式做事。家长要知道，对合作的任何妨碍都会导致严重的后果。例如，只对自己有兴趣的被宠坏的孩子，很可能把对别人缺乏兴趣的态度带到学校。如果一个孩子对一门功课不感兴趣，而他之所以上课就是因为这样做能换来老师的喜爱。当他接近成年后，这种态度也会影响他和社会的接触，尤其是影响他处世的能力，他不会锻炼自己的责任感和独立性，他也就不能应对任何生活的考验。

作为家长，我们应该这样多鼓励孩子："我们必须靠自己的双手开拓我们的生活，这是我们的责任，我们能够处理好！""我们能控制自己的行为，也能养成独立自主的习惯，没有什么比你更棒，我的孩子。"

什么样的孩子需要特别呵护

每个孩子都需要呵护，只不过不同性格的孩子，对呵护的需求也不一样，有三种类型的孩子特别需要呵护：生来就衰弱或有器官缺陷的孩子、从小受到严厉管教、没有受到过父母关爱的孩子和从小被宠坏的孩子。

这三种孩子基本上代表了不幸孩子的三种处境，这三种特征也可能在一个孩子的身上出现，最有可能的现象就是：一个孩子他本身有器官残疾，然后引发了一系列的心理缺陷。所以这样的孩子相比起被父母宠坏的孩子，更需要受到呵护和怜惜。有这三种缺陷的孩子更容易产生欠缺感和自卑感，并刺激他们形成超越自己潜力的信心。所以说，自卑感和超越感是联系在一起的，是人格的两个方面。过度的自卑感会刺激孩子膨胀的野心，而这种野心有时又会毒化他的心灵，让他永远不安分。这种野心又与他本身的性格纠缠在一起，并且形成易敏感的性格，并最终走向过度的自卑。

我就接触过一个这样的孩子：他是一个小儿麻痹症患者，在和他交谈的时候，看不出他有任何的自卑。他对自己的能力非常自信，有时甚至到了有点夸张的自信，让你觉得他的心理和普通的孩子没有什么区别。但是他一旦到了一群孩子的中间，好斗、易怒的性格就表现无遗：他很容易和周围的环境发生冲突，不管别的孩子是不是有意伤害他，他都当做是别人对他有敌意，从而与别的孩子发生争吵。可是当他的家长带他去外面的时候，他又总是下意识地躲避人群，好像生怕别人看到他的短处。这就是我们说的第一种孩子：生理的疾病让他产生了一种戒备心理，又有一种不服输的精神，而在骨子里，他又拒绝和人群走在一起。

世上有自负的人，也就有自卑的人。孩子也不例外，所有的孩子都有一种天生的自卑感。当然了，这种自卑感会激发孩子的想象力，他会想尝试各种办法来摆脱目前这个状态，缓和自卑感、树立自信，心理学中这个现象叫做心理补偿。

我们再来看一下另一类从未受过关爱的孩子的一些性格共同特征：他们大都在童年受到过恶劣的对待，以至于造成了他们冷酷的性格，对周遭的一切都怀有嫉妒和恨意，他们无法容忍别人幸福，这一类嫉妒者不仅存在于我们常说的"坏人"中，在正常人中也不乏其人。这种人最可怕的一点就是：他们不仅不能容忍别人比他幸福，连他自己的孩子也不例外，甚至连他自己有孩子的时候他潜意识里也会想，孩子的童年别比我的童年好。

其实在当今的社会，最常出现的是第三种孩子：被宠坏的孩子。我们看过太多的父母溺爱孩子。曾经有一位溺爱孩子的母亲对我说："我从小没有得到过父母的关怀，所以在孩子没有出生的时候我就在心里发誓，以后一定要给我的孩子最好的东西。"孩子出生以后，这个母亲坚定地执行了生孩子前许下的诺言。而她溺爱孩子的后果就是：她的孩子在什么时候都无法无天，直到谁都管教不了，不得不来心理医院看医生的地步。这位母亲也真正尝到了自食恶果的滋味，如果要避免这个母亲的遭遇，相信所有的父母都知道应该怎么做了。

事实上，很多家长都是给了孩子很多物质上的帮助，而对心理方面的关注却很少。不是家长不想有，而是很多家长根本不知道怎么从心理上教育孩子，那么看了以上三种孩子的例子，我们知道怎么做了吧？

要当好父母，先学好"个体心理学"

家长在教育孩子的过程中，不但要让他们吃饱穿暖，更重要的是照顾好他们的心理，尤其是要注意孩子在成长中表现出来的社会情感的发展程度。

家长从孩子出生的时候就对他的未来在心里谋划了一下：我的孩子以后一定要从事什么样的职业；成为什么样的人；我要把他培养得有多么优秀。这种情景是无意识形成的，却无时不在。在家中比较受关注和重视的孩子，进入学校后一旦这种关注和重视减小，孩子不适应感带来内心的自卑，希望超越现实，让自己在学校也能获得如同家庭般的关爱。于是，孩子的家庭行为在学校发生了变化。这种变化，更多的是孩子希望通过自己的努力改变去获得在学校里大家对他的认同感，包括学习优秀、恶作剧、调皮捣蛋等。这时家长要给予孩子正确的引导，细心观察孩子的变化以及了解孩子在家的表现再来判断孩子的行为动机，不能只看表象，否则就不能对孩子的教育问题对症下药了。同时，这也说明了家庭教育的重要性，孩子产生的问题很多来自家庭原因，而在学校就暴露出来而已。

孩子和社会相处的过程就是产生社会情感的过程，社会情感与生活风格是有区别和联系的。孩子的生活风格主要体现在对三种关系的处理上：处理和他人之间的关系，处理自己的职业问题，处理和异性的关系。在处理这些关系的时候，我们能够感觉到一个人一贯的生活风格，如专横武断—善解人意、积极向上—消极应对、贪婪索取—无私分享、专注专一—变化多端……这些风格，有些只是中性的不同应对策略，这其实相当于性格；有些则是社会标准，是大力赞同或极力反对的，这与社会情感相关。

观察孩子对社会的情感，要多看他的行为，而不要看他说什么。有问题时，不要孤立、单一地看待问题发生的环境。我认识两个孩子的家长，

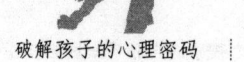

在对待孩子和学校的同伴打架的问题上，他们有两种截然不同的做法，一个家长说："他打你，你可千万不要吃亏，一定要胜过他！"自此后，自己的孩子就经常和另一个孩子打架过招，两个孩子都频频受伤。另一个家长为了稳定孩子的情绪，就先问情况，当她知道另外一个孩子比自己的孩子年龄小时，她说："做人总得讲个理吧，哪有以大欺小的？"为了安抚孩子的情绪，她又对另外一个孩子说，"不能打人，要做好孩子，你看看，你年龄虽然小，可是个头却比哥哥大，哥哥是打不过你的，但是你要知道打人不是好孩子。"从此后，两个孩子就再也没有交手过。第一个孩子的家长不善于研究孩子的心理，只是一味让自己的孩子不能吃亏，本来好斗的两个孩子更加不和谐，而另外一个家长以理服人，最终两个孩子重归于好。

如果家长的教育不到位，学校的教育也不会起很大的作用，因为学校教育和家庭教育是相辅相成的，学校并不是一个十全十美的环境，尽管有很多优秀学生，但是也不乏"问题儿童"，因此，如果孩子在家庭中没有学会怎么样很好地与人相处，他到了学校也有可能会感到孤立无援。很多家长看到孩子有性格缺陷，就很容易怪罪到学校，其实根源却在家庭，在于家长自己。

怎样帮孩子打开"陌生社会"的门

孩子和成人一样，在他们的生活中也需要处理一些个人问题和社会问题，而孩子对这些问题的基本态度，要比其他任何问题的态度都更能表现真正的自我。

我们先看下孩子的社会关系。当然了，孩子的社会关系没有那么复杂，他们面临的大部分问题就是怎么与周围的孩子相处。现在的孩子基本都是独生子女，具有强烈的自我中心倾向，所以他们首先要学会的就是和别人"分享"的心理。而现在的大多数孩子，不会"分享"，只会"独享"。长大后性格缺陷明显，严重的会导致无法与人正常交往。不会分享的孩子就不会得到别人的帮助，所到之处皆是敌意的冷漠和阻挠。乐于和别人分享的孩子就会生活在一个和谐的环境里。分享的作用就有这么神奇，俄国作家托尔斯泰说："神奇的爱，使数学法则失去了平衡，两个人分担一个痛苦，只有半个痛苦；而两个人共享一个幸福，却有两个幸福。"懂得与人分享的人，才会受到大家的欢迎和喜爱。

独生子女的另外一个缺点就是不宽容。他们总是认为：自己的愿望会得到满足，即使做错了什么，家长也会原谅自己。做家长的，最忌讳把孩子的错误转移到自己和他人身上，动不动就说："是爸爸妈妈不好"，"是小朋友的错"。家长在教育孩子的过程中，不应该一味呵护孩子。而是要让孩子首先反省自己，看看自己有没有错，同时要孩子多体谅别人，站在对方的立场上想一想。告诉孩子与人相处不能斤斤计较，如果别人犯

了错误,要善于原谅。当然,真正要想让孩子具有宽容的精神,家长在生活中要以身作则,身教的力量远远大于言传。

对成年人来说,拒绝别人都是很困难的事情,何况孩子。但是,有些事情却是必须说"不"的,身为父母,应该早早教会孩子怎样拒绝。首先教会孩子哪些事情要拒绝,例如,违背原则的事情;自己不愿干且无意义的事情;仅仅为了维护友情,对自己有害的事情。不要担心这样做会得罪人,真正的朋友会因此更尊重和喜欢你。告诉孩子,违背做人原则的事情坚决不做,不用担心别人说你不给"面子"。朋友应该互相理解、互相尊重,而不是一方完全放弃自己的追求,一味去迎合另一方的好恶。所以,学会拒绝,不仅重要,而且很有必要,它帮助你鉴别真正的朋友,保持友谊的本色,维持社交圈子的纯洁性。当然,教孩子拒绝的态度要温和而坚决,既不能太生硬,又能不给对方企图说服你的幻想。可以很耐心地告诉他们:"对不起,我有作业,不能去。""对不起,我还小,不想交男朋友。"……

成年人都知道,人际关系可以成就一个人,也可以摧毁一个人,所以，融洽、良好的人际关系可以滋润生命健康成长，可以引导个人潜能的发展，可以帮助人拥有美好生活。相反，对抗、恶劣的人际关系会戕害生命，压制个人潜能的发展，令人痛苦不堪，境遇不顺。所以在孩子成长过程中，家长要拿捏孩子的心理，让他们养成与世界、与周围环境接触和融合的良好习惯。

第二章
孩子人格的统一

Crack Child's psychological password

破解孩子的心理密码

　　小孩子的嫉妒心理和成人的嫉妒心理有着很大区别，成人往往会考虑各种因素而尽量掩饰自己的嫉妒心理，而孩子一般会通过具体的言行直率地表露自己的嫉妒情绪，他们通常不会去考虑自己的嫉妒是否会引起别人对自己的不良评价等后果。他们往往会直接地将因自己的嫉妒引起的不快情绪归责于自己所嫉妒的人，进而对引起他嫉妒的人或事做出直接的对抗行为，以发泄心中的不满。例如，直接打骂他所嫉妒的人，毁坏令他嫉妒的具体物品等，而不会以其他替代的方式间接去达到发泄自己心中不满的目的。

想了解孩子，先看看他的"后背"

　　孩子的心理是个很有趣的东西，如果家长能捕捉孩子的心理，并把它作为自己不断思考的问题，那我们的孩子真的是很幸运。但是许多家长都会把孩子犯的错误和当前所处的环境联系在一起，只会就事论事，而没有想到是什么才会导致这种事情的发生。就好像从完整的旋律中抽出一个音符，然后试图脱离组成旋律的其他音符来理解这个音符的意义。这种做法显然欠妥，但却在我们的生活中普遍发生。

　　作为家长，我们应该避免以上情况的发生，不能对孩子的错误咄咄逼人，这样会给孩子造成很大的危害。家长可以这样想想，如果儿童做了招致惩罚的事情，接下来会发生什么呢？当然，很多家长认为，自己的孩子如果犯了错误，不仅对孩子不好，还会给家长带来难堪。家长总是站在自己的面子和利益问题上考虑，因此当孩子有错误时，惩罚就是对孩子的第一个处理办法。不过，惩罚的手段对孩子往往是弊大于利。

　　如果孩子经常在一个问题上犯错误，教师或家长就会先入为主地认为他屡教不改。相反，如果这个孩子其他方面表现良好，那么，人们通常会由于这种总体的好印象而不会那么严厉地处置这个犯错误的孩子。不过，这两种情况都没有触及问题的根源，即在全面理解儿童人格统一性的基础上，探讨这种犯错误的情况是如何发生的。这有点像我们前面比喻的，如

果脱离整个旋律的背景来理解某一单个音符的含义,那对这首歌的理解就毫无意义。

如果我们问一个孩子他为什么懒惰,我们很可能得不到自己想要的答案,因为孩子不会说出自己懒惰的根本原因。同样,我们也不要期望一个孩子会告诉你他为什么撒谎。就连深谙人性的伟大的苏格拉底都说过一句话:"认识自己是多么的困难!"我们怎么能期望一个孩子能够回答如此复杂的问题?别说是孩子,就连很多心理学家都对类似的问题无法回答。儿童心理学告诉我们,我们要想办法认识孩子的整体人格,这个办法不是要去描述孩子做了什么和如何去做,而是要理解孩子对面临的任务所采取的态度。

孩子最初的生活环境对他的成长非常重要。有一个13岁的男孩,他有两个妹妹。5岁前,他是家里的独子,并且愉快地度过了这段美好的时光,直到他妹妹出生。当他是独生子的时候,他周围的每一个人都乐于满足他的每一个要求。毫无疑问,妈妈非常宠爱他。爸爸脾气好,看到自己的儿子依赖他,他感到高兴。孩子自然对妈妈更为亲近些,因为爸爸是个军官,经常不在家。他的妈妈是一个聪明善良的女人。她总是试图满足这个既依赖而又固执的儿子的每一个心血来潮的要求。不过,当这个孩子表现出没有教养和胁迫性的态度和动作时,妈妈也经常感到生气。于是,母子关系随之紧张。这首先表现在儿子总是试图支配妈妈,对她专横霸道,发号施令。总之,他总是以各种讨厌的方式随时随地寻求关注。

虽然这个孩子给他妈妈制造了很多麻烦,但他的本性并不太坏。妈妈还是依从他令人讨厌的态度和行为,还是帮他整理衣服,辅导功课。这个孩子总是相信,他的妈妈会帮他解决任何他面临的困难。毫无疑问,他也是个聪明的孩子,也受到良好的教育,每次考试都能取得不错的成绩。

这个孩子在8岁那年，伴随着妹妹的成长，家长把注意力偏移到了妹妹这里。这时候他发生了一些明显的变化，使得父母对他难以忍受。他开始自暴自弃，做什么事情都懒散拖沓，常使他妈妈盛怒不已。一旦妈妈没有给他想要的东西，他就扯妈妈的头发，不让妈妈有片刻安宁，拧她的耳朵，掰她的手指。

虽然这个孩子的行为也受到了来自家庭和学校的批评，但是他拒绝改正自己的行为方式，他的妹妹越大，他偏执的性格就更加强烈，他的小妹妹很快就成为他的捉弄目标。虽然他还不至于伤害妹妹，但是他的嫉妒之心是显而易见的。他的恶劣行为开始于他妹妹的诞生，因为从那时开始，妹妹成了家里的关注焦点。就像我们前面说的，这个孩子由于嫉妒产生了一种心理，他希望用做一些出格的行为来引起家人的关注，于是妹妹就成了他的撒气桶。

从这个孩子的行为我们可以发现，当一个孩子的行为变坏，或出现了新的令人不快的迹象时，我们不仅要注意这种行为开始出现的时间，还要注意它产生的原因。这里使用"原因"一词时应该小心，因为我们一般不会意识到一个妹妹的出生会是一个哥哥成为问题儿童的原因。但这种情况却经常发生。其原因在于这个哥哥对妹妹出生这件事的态度有问题。自然，这不是严格意义上的物理学因果关系，因为我们绝不能声称，一个孩子的行为之所以变坏，必然是因为另一个孩子的出生。但我们可以肯定，落向地面的石头必然会以一定的方向和一定的速度下落。而个体心理学所做的研究使我们有权宣称，在心理"下落"方面，严格意义上的因果关系并不起作用，而是孩子在心理不健全的情况下，诸如嫉妒、自私，这些大大小小的错误在起作用。

惩罚错误，但不要"挖地三尺"

我们接着说那个小男孩的故事。可以想象，如果家长和学校继续忽视这个孩子，这个孩子很快就会陷入困难境地。没有人再喜欢他，他在学校进步不大，他依然和以前一样不断干扰周围的人。如果家长和学校都听之任之，那么接下来会怎么样？如果他一骚扰别人，就会受到惩罚，或者干脆学校把他记录在案、向他父母寄送投诉信。更加严重的是，如果孩子屡教不改，学校就可能建议父母把这个孩子领回家去。

如果学校和家长用这种方法处理这个小男孩，那么他肯定比任何人都开心。他巴不得学校把他"驱逐出境"，他也好获得自由。他的行动模式的逻辑连贯性再次体现了他的态度。虽然这是一个错误的态度，但是，这个想法一旦形成就不容易改变。接下来，这个孩子会不断让自己成为众人

注意的对象，他会不断犯各种错误来引起别人的注意。

  其实，我们必须承认，这个男孩的本性并不坏。他之所以会和自己的家人发生那么大冲突的原因是：以前他就像一个高高在上的"君王"，拥有绝对的权力达8年之久，直到他突然被掠夺了"王位"。他丧失自己的王冠之前，他只为他妈妈而存在，他的妈妈也只为他而存在。后来他妹妹出世了，挤占了他在家庭的位置。为了再次夺回他在家里的地位，他才开始对家人无休止地捉弄。其实孩子变成这样，家长的责任更大。如果一个孩子突然面临一个自己完全没有准备的情景，而且又没有人指导，他只能独自挣扎，这种恶劣的行为才会出现。例如，如果一个小孩只习惯让人把注意力完全放在自己身上，他会面临一个完全相反的情境：这个孩子开始上学，而学校里的老师对所有学生一视同仁。如果这个小孩要求教师给予更多的关注，那么他自然会惹怒老师。对于一个娇惯但一开始还不那么恶

劣和不可救药的孩子来说，这种情境显然是太危险了。

这样一来，我们就了解这个男孩的生活方式与学校所要求和期待的生活方式之间所发生的冲突的原因了吧。我们再来看看孩子的发展方向和学校所要达到的目的相比，会发现它们之间根本不一致，甚至相反。儿童生活中的所有活动，都由其自身的目的所决定。所以他的整体人格不允许偏离他的目的。另一方面，学校则期望每一个孩子都有正常的生活方式。因此，两者之间产生冲突就不可避免了。不过，学校方面则忽视了这种情境之下的儿童心理，既没有体现出管理上的宽容，也没有采取措施设法消除冲突的根源。

我们知道，这个小男孩的生活为这样一个动机所控制：让母亲为他服务、操劳，而且只为他一个人服务、操劳。而学校对他的期望则完全相反：他必须独立学习，整理好自己的课本和作业。人们形象地称这种情况类似给一头烈马的脖子套上一辆马车。孩子在这种情形下，自然表现得不是最好。不过，如果我们理解了孩子的真实处境，就会对他表现出更多的同情。惩罚是没有意义的。惩罚只能让孩子更加肯定学校不是他理想之所的想法。如果他被学校开除，或被要求父母将他带走，这正中他的下怀。这个小男孩在错误的思想里越陷越深，并且以折磨自己的母亲为乐。这也是孩子心理不健全的一个表现。

从"夜尿"看出了嫉妒

很多孩子在童年阶段都有尿床的经历，这总被家长训斥，甚至把这个非常没有面子的消息传达给周围的师生和邻居，可是家长却没有想过，有的孩子在晚上会尿床，但是在白天却不会尿湿。如果环境或者家长的态度突然改变时，孩子的这个坏习惯也会突然消失。可见这不是生理上的原因，应该是心理的阴影导致的。

但是还有一个有意思的问题可能许多家长都想不到，那就是，患有夜尿症的孩子，他们虽然也不喜欢自己的这个毛病，但是他们在内心却希望把这个毛病保持下去。这是因为，孩子在患有夜尿症的时候，往往会受到家长、亲戚等各种周围环境的关注，让他们有备受重视的感觉。这个时候，有很多夜尿症孩子会不自觉还在夜晚尿床。也就是说，如果孩子了解到自己的这个毛病会引起这么多人的大讨论，他就可能不愿意治疗自己的病。对于这类事情，德国著名社会学家也说过这样的例子：在犯罪分子中，有相当比例是来自那些父母是职业压制犯罪的家庭，像法官、警察等；而教师子女中，不服管教的大有人在；在医生的孩子中，也有很多精神病患者。

孩子之所以夜尿大多是想引起家人的注意，就像我们之前说的那个男孩，他表现出的对周围人的对抗和夜尿是同一个性质，都是嫉妒心理所致。嫉妒是一种原始的情感，是人类心理中动物本能性的表现，它具有一定的普遍性。孩子的嫉妒是孩子将自己与别的小朋友做比较而产生的消极情感体验，是指当孩子看到他人的某些东西比自己强，或者自己曾经拥有的东西转移到别人身上的时候，他就会产生一种不安、烦恼、痛苦、怨恨并企图破坏他人优越状况的复杂情感。孩子嫉妒的成因较为复杂，其包括儿童先天气质类型、外部教养环境、个人能力强弱等诸多因素。

不能容忍身边亲近的大人疼爱别的孩子是孩子嫉妒心最常见的表现。孩子最初的嫉妒总是与自己的爸爸妈妈等身边亲近的人有关，当大人们疼爱别的孩子时，他们往往会表现出不满、哭闹、反叛等行为，有的甚至会出现一些倒退行为，如故意尿湿裤子，故意做出比自己实际年龄幼稚的行

为，以期引起大人们的注意。

孩子还有一种有趣的嫉妒现象就是：当别的孩子受到了家长、老师表扬时，他们往往表现得不高兴、不服气，认为自己不比受表扬的孩子差，有的还会当众揭发受表扬孩子的缺点或不足之处，尽管有些事实甚至是与其他孩子的受表扬无任何关联性，例如，当我们表扬一个孩子的时候，我们的孩子可能会说："他的爸爸不过是一个车夫。"

很多时候，我们的孩子都很喜欢和拥有很多玩具、用品、零食多的同伴在一起玩，因为他们可以从中得到益处。但当同伴不将自己拥有的东西与他们分享时，他们往往就会表现出嫉妒情绪，如损害同伴的玩具、孤立同伴等。

孩子的嫉妒心理与成年人嫉妒心理有着很大区别，成年人往往会考虑各种因素而尽量掩饰自己的嫉妒心理，而孩子一般会通过具体的言行直率地表露自己的嫉妒情绪，他们通常不会去考虑自己的嫉妒是否会引起别人对自己的不良评价等后果。他们往往会直接地将因自己的嫉妒引起的不快情绪归责于自己所嫉妒的人,进而对引起他嫉妒的人或事做出直接的对抗行为,以发泄心中的不满。例如,直接打骂他所嫉妒的人,毁坏令他嫉妒的具体物品等,而不会以其他替代的方式间接去达到发泄自己心中不满的目的。

嫉妒是一种破坏性因素,它对孩子各方面的健康成长都会产生消极的影响。如果孩子长期处于嫉妒这种消极不良的心理体验之中,情绪上便会产生压抑感,久而久之,就会导致器官功能减弱,机体协调出现障碍。而这种障碍又会加剧不良的心理体验,使孩子产生诸如忧愁、怀疑、自卑等不良情绪,从而形成恶性循环,造成不同程度的身心损伤。此外,嫉妒还会影响孩子对事物进行正确客观的认识,容易使孩子产生偏见,产生怨天尤人的思想,影响孩子与他人的正常交往,最终抑制孩子社会性的发展。

我们要避免孩子极端的嫉妒表现就要多了解孩子的心理和多观察他们平时的表现,父母平时应该多和孩子接触,及时掌握孩子嫉妒的直接起因,看看他到底是因为什么才嫉妒,只有了解了孩子嫉妒的起因,才能从具体事情着手解决孩子的嫉妒心理。

和成年人的嫉妒不同的是,孩子的嫉妒是直观的、真实甚至自然的,它完全不像成人嫉妒心理那样掺杂着诸多的社会因素,它只是孩子对自己的愿望不能实现而产生的一种本能的心理反应。因此,父母切勿盲目对孩子的嫉妒行为进行批评,要耐心倾听孩子的苦恼,理解他们无法实现自己的愿望所产生的痛苦情绪,以便使孩子因嫉妒产生的不良情感能够得到宣泄。

孩子的思维方式主要以具体形象思维为主,他们一般不具备对事物进行全面分析的能力。他们往往会将自己的嫉妒简单地归责于自己或所嫉妒的对象,而不去考虑其他因素。因此,父母应帮助孩子全面分析造成孩子和所嫉妒对象之间的差距产生的原因、这些差距能否缩短以及缩短差距的

途径和方法,以便孩子能正确地与他人进行比较,以积极的方式缩短实际存在的差距,最终化解内心的不平衡。

在避免孩子嫉妒心理的时候,家长自己也要弄清一个问题:人与人之间本身就存在着客观差异性。我们应该把这个观点也告诉给孩子,让孩子懂得各人都有各人的优势和长处,但同时各人也都有各人的不足和短处,任何方面都比别人强是不可能的。引导孩子充分发挥自己的长处,扬长避短,在生活和学习中学会正视别人的优势和长处、欣赏别人的优势和长处,从而能够学习、借鉴别人的优势和长处,以弥补自己的不足,用自己的成功来博得别人的喝彩。

草率地避开困难,不可取

在一个小家庭中,家长对孩子应当既是严格的法官,又是贴心的朋友。但是当孩子遇到困难时,有些家长对孩子则是爱之过分,疼之过度,家长一马当先,大包大揽,致使孩子长到很大时,尚不会自己克服困难,一遇到困难就焦虑紧张、烦躁不安、唉声叹气、不知所措。那么,孩子做事遇到困难时,家长该如何处理呢?

我曾经见过一位家长怎么教孩子骑自行车,那时候她的孩子还不到6岁,孩子坚持要学骑自行车,她给孩子的条件就是:学骑车可以,但是如果中间遇到什么困难,不能退缩,也不要嚷着回家。孩子为了达到自己的初步目标,就同意了。结果在学车的过程中,她摔倒了好几次,并且要求回家。但是这位家长就是不同意,她狠心站在一旁看孩子骑车,不管她怎么哀求都不答应回家的事。她对孩子说:"这是你自己选择的要学会骑车,当初我们有约定,你是选择在这里等着还是直到学会骑车,都由你自

己决定。"后来孩子跌倒了好几次后,终于学会了骑车。

如果这个家长在孩子第一次遇到困难的时候就牵着孩子的手回家,那么孩子可能在三次、四次后也学不会骑车。家长的坚持成就了孩子对克服困难的坚持。培养孩子鼓起勇气,正视眼前的困难的能力,是家长的责任和义务。家长理智的爱,可以使孩子紧张的情绪得以松弛,可以使孩子增强与困难拼搏的信心;家长的关心、同情能够帮助孩子渡过难关。孩子在慈爱而不是溺爱、严格而不严厉、诱导而不是包办的环境中生活,会得到莫大安慰和力量,激发正视困难的勇气。反之,如果家庭不和睦,势必造成家庭气氛冷清,孩子缺少家庭温暖。当孩子遇到困难后,感到孤立无援,往往会表现出沮丧、恐惧、萎靡不振,并想躲避困难。

培养孩子面临困难时的勇气还包括和孩子诚心坦率地交谈,有利于让孩子树立信心,战胜困难。交谈可以使双方更加了解,做到知己知彼。孩子从小就应该与家长在一起,每天都有机会进行言语交流。家长要抓住时机,多和孩子推心置腹地谈论周围发生的事情,讨论遇到的问题。家长现在的观点从另一方面说就是孩子未来的观点,我们现在的做法和观点会使

孩子耳濡目染，使他们在不知不觉中受到熏陶。如果孩子遇到困难，他们首先就会想到有家长的关心和支持，继而勇敢地把自己的见解大胆陈述出来，而家长又给予恰如其分的同情和开导，引导孩子用正确的途径去解决困难。

一个教育孩子成功的家长经常会被问到："为什么你总是那么有耐心去鼓励孩子、等待孩子？"这位家长只有简单的一句话："因为他是我的孩子。"有的时候，信任和鼓励是刺激孩子奋发进取、坚决完成任务的有效方法。信任和鼓励的态度，不仅可以引导孩子独立解决困难，而且会使孩子身心得到愉悦。谁都明白，一名运动员在最后的冲刺阶段，往往会在观众的叫喊加油声中，创造出优异的成绩。教育孩子也是如此，当孩子遇到困难解决不了时，家长切忌采用不管不问、讽刺嘲笑、过多的批评、大声呵斥和粗暴责问的方式对待，这样会使孩子精神更加紧张，不仅不会缓解孩子沮丧的情绪，反而会使孩子感到束手无策，失去解决困难的勇气和信心。

有的家长会说，有了孩子之后，自己的自由时间少了，尤其是外出的机会。可是他们没有想想，为什么不带着孩子一起玩呢？让孩子出去既给他们提供锻炼的机会，又能在平凡的小事上开拓孩子的进取意识和创造力，提醒并指导孩子克服困难的具体方法，帮助其解决自己生活中的问题。我们不但自己没有失去自由，还和孩子建立了更深一层的感情，何乐而不为？

别用孩子的错误惩罚他

适当的惩罚是爱的表现，也是规范孩子行为的有效手段。惩罚远远不是打孩子几下那么简单的事情，惩罚是一门艺术。容忍孩子的不良行为，甚至为孩子的不良行为寻找诸如"他累了","他没有午睡","他情绪不好"之类的借口,都是父母对孩子"不负责任"的表现,对待孩子的错误,各个国家都有不同的教育方法,我们看看国外的家长是怎么处理孩子错误的吧。

在新西兰,打孩子是一种违法行为,因此,父母一般都不会体罚孩子。汤姆就是个很冷静的家长,如果儿子在公共场所闹腾,只要不影响到别人,他一般都会采取冷处理的方式对待孩子,如:随他闹去。如果影响到别人,汤姆会将孩子抱走,将他放在一个比较开阔而安静的地方,让他继续闹,直到他闹够。汤姆平时看了很多儿童心理学的书,他明白孩子闹是为了吸引父母的注意或者通过这种方式来达到他的某些目的,所以当孩子有这些表现时,汤姆总是在想,是不是自己哪些地方忽视了孩子?

曾经有段时间汤姆发现,他的大儿子总喜欢往花园的鱼池里扔鹅卵石,并且屡教不改。他对儿子说:"你看看,你把小鱼砸痛了,把水池弄乱了。水池不漂亮了吧?"然后汤姆会要求儿子把水池里的石头捡出来。有的时候,儿子可能也会耍赖,不肯去捡石头。如果儿子耍赖,汤姆一般不会强迫他,他会自己下去把石头捡出来给儿子看。这个时候他会说:"你看看,你把石头扔进水池了,现在我要去捡石头,没

有时间陪你玩。"这时候，儿子会体验到他不良行为的后果。于是，他会明白，他真的不能把石头扔进水池。

其实，孩子并非我们想象的那么不懂事，他只是控制能力差一点而已，家长不妨时常把孩子当成成人来看，让孩子从小就学会承担责任，学着约束自己。

在日本家庭里，父亲是绝对的权威。正是因为习惯了服从，所以日本人才成为最守纪律、最富于集体主义精神的民族。如果孩子犯了错误，日本家长会采取各种措施惩罚孩子。如取消孩子外出玩的计划，甚至让孩子饿上一顿，或者进行适度的体罚等。

但是，如果孩子在公共场所犯错，家长一般不会当众处罚孩子。家长认为，在公共场所处罚孩子是不符合礼仪规范的行为，而且也会损害孩子的自尊。如果孩子在外面表现得不尽如人意，家长一般都会在回家之后再对孩子的表现进行点评，或者给孩子一些惩罚。

美国的教育应该说还是走在很多国家的前列，当孩子犯错误时，家长和老师常常用一种叫做"计时隔离"的方式来"惩罚"一时不守规矩的孩子。例如：当孩子在家不听话瞎胡闹，或者和别的小朋友打架时，家长就会把他抱进他自己的卧室，让他独自待上3分钟。3分钟后，家长会准时把他抱出来，并借机对他进行说服教育，督促其改正缺点。无论是在家中，还是在幼儿园，这种教育方法都很有效，而且对孩子具有一定的威慑力。

由于美国有法律规定，小孩必须随时有成人陪伴和保护，在这种环境下，孩子很少有被冷落或孤立无援的情感体验。因此，一旦被隔离而受到"冷落"，必然会从心理上产生强烈的震撼。其次，孩子一般都具有较强的从众心理和群体意识，把孩子从群体中隔离开来会使他们感到自己被区别对待了，从而产生一种"不平等"的感觉，孩子对此是非常敏感的。孩子是家长的宝,可以说,从孩子出生后,家长就无时无刻不在对孩子进行着教育。如何教育孩子既是一门科学,也是一门艺术。不同的教育方法、教育环境,塑造了不同的孩子。个人认为,教育孩子需赏识教育和惩罚教育有机结合,这样才能达到教育的最佳效果。

人性中最本质的需求就是渴望得到尊重和欣赏,其实每一个孩子都有他的长处和优点,虽然孩子的天资有别,学习事物有快有慢,学习成绩也有高有低,但判断一个孩子的好坏,不能只取决于一个方面。作为家长,应该善于发现他们的优点,发现他们与众不同的地方,要始终相信自己的孩子是优秀的,要多赞美孩子。尤其要赏识孩子的勤奋和努力,对他们的努力给予最热情的支持和鼓励。多多赞扬和鼓励孩子,这不是溺爱孩子,而是一种教育的智慧。赏识,是一把打开成功之门的钥匙。它可以引导您的孩子乘着自信的风帆,驶向成功的彼岸;它可以让您的教育携着温馨的爱意,融入孩子的心灵!作为家长,不要吝啬我们的鼓励,相信孩子能行,帮助孩子建立自信,孩子也就有了前进的动力。

目标下得越早,优秀来得越快

家长应该都有这个经验,孩子在2岁或3岁就为自己确定了一个追求优越的目标。这个目标总是在眼前指引着他,激励他以自己的方式去追求这个目标。错误目标的确定通常是基于错误的判断。不过,目标一旦确定就不易改变,它在一定程度上可以约束和控制孩子。孩子会以自己的行动落实自己的目标,他也会调整他的生活,以便全力以赴地追求和实现这个目标。

虽然目标定得越早越好,但是定目标也要根据自身的情况。有这样一个故事:贝纳尔是法国著名的作家,一生创作了大量的小说和剧本,在法国影剧史上有着特别的地位。有一次，法国一家报纸进行了一次有奖智力竞赛，其中有这样一个题目："如果法国最大的博物馆卢浮宫失火了，情况只允许抢救出一幅画，你会抢哪一幅？"在该报收到的成千上万回答中，贝纳尔以最佳答案获得该题的奖金。他的回答是："我会抢离出口最近的那幅画。"因此，最佳目标不是最有价值的那个，而是最有可能实现的那个。目标太大、不切实际会对孩子造成过重的压力而有负面作用，但没有目标的随意性也同样可怕。

　　卡耐基也曾做过一次关于人生目标的调查，一万个不同种族、年龄与性别的人之中，只有3%的人能够确定目标，并知道怎样把目标落实；而另外97%的人，要么根本没有目标，要么目标不确定，要么不知道怎样去实现目标……十年之后，对上述对象再次进行调查，结果令人吃惊，属于原来那97%范围内的人，除了年龄增长了十岁以外，在生活、工作、个人成就上几乎没有太大起色；而那原来与众不同的3%，却在各自的领域里取得了相当大的成功。他们十年前的目标，都不同程度地得以实现，并正在按原定的人生目标走下去。

　　当然，作为孩子，不可能真正领悟这些内涵，也并不是所有的人都能成功、都能成为伟人。家长更应该先弄清楚教育的根本目的，然后才能科学地对待孩子。那么，家长对孩子应该确定一个什么样的目标呢？应该抱有什么样的期望值呢？一般而言，在教育上有这样几个层面的目标。

　　一是，成为健康合格的人。这是生命最基本的权利，最基本的成长要求，让孩子身心健康，具备正常的思维和动手能力，自食其力不危害社会。

　　二是，成为一定的专业人才。在前者的基础上，根据每个孩子的智力特点和兴趣爱好，让孩子多方面发展并在某方面成为较专业的人才，能从事此领域的技术工作，并能不断学习。

三是，成为杰出的精英人才。对基础条件较好，在某些方面有天赋的孩子，家长应制订相应的目标和科学计划，最大程度地让孩子掌握学习和创造的能力，不断进步，成为社会上的优秀人才。

无论如何，制订任何一个具体目标的前提都必须是孩子乐意接受并为之努力的，要充分尊重孩子的个性自由。而且，父母还应该在思想行为上，为孩子做好表率，成为他们实现目标的精神动力。再者，家长要根据孩子的发展变化，不断地修订目标，使其更加科学合理。

因此，孩子对事物的个体性的理解决定着他的成长，记住这一点很重要；如果孩子陷入新的困难处境时，他的行为会受制于自己已经形成的错误观念。认识到这一点同样很重要。正如我们所知，孩子在情境中获得印象的强度和方式，绝不取决于客观的事实或情况(如另一个孩子的出生)，而取决于儿童看待和判断事实或情境的方式。这是反驳严格因果论的充分依据：客观的事实及其绝对的含义之间存在着必然的联系，但是，客观事

实和对事实的错误看法之间绝对不存在这种必然联系。

我们的心理最为奇妙之处，是我们对事实的看法，而不是事实本身决定了我们的行动方向。这种心理情况特别重要，因为对事实的看法是我们行动的基础，也是我们人格建构的基础。人的主观看法影响行动的一个经典的例子就是恺撒登陆埃及时的故事。当时恺撒踏上海岸时被绊了一下，摔倒在地。罗马士兵把这视为不祥之兆。如果不是恺撒兴奋地张开双臂激动地喊道"你属于我了，非洲"，那么罗马士兵肯定掉头返回了，虽然他们都英勇无畏。

从中我们可以看出，现实自身的结构对我们行动所起的作用是多么的微小，现实对人的影响又是如何受到我们结构化的和整合良好的人格的制约和决定。大众心理和理性的关系也同样如此：如果在一个对于大众心理有利的环境中出现了人的健康的理性常识，这并不是说大众心理或理性是由环境决定的，而是体现了两者对环境自发的看法一致。通常，只有当错误的或谬误的观点受到批判和分析的时候，才会出现理性常识。

每个孩子都是有待雕琢的璞玉

每个孩子都是一块有待琢磨和雕饰的璞玉，好的教育学家都会这么认为，每个孩子暂时不管是差劲还是优秀都有待雕琢，家长和学校不能把特定的行为视为一个孤立的音符，而是要把它视为整个乐章的组成部分，即整体人格的组成部分。

对孩子的教育绝对是最能充分体现教育者爱心与童心的教育，可以说是一种最心心相印的活动。离开了情感，一切教育都无从谈起。我们在孩子面前要保持一颗爱心，没有了爱，教育孩子的任务将无法进行下去。

"小孩子的体力与心理都需要适当的营养。有了适当的营养,才能产生高度的创造力。" 苏霍姆林斯基也说:"教育者最可贵的品质之一,就是对孩子深沉的爱。"师爱犹如心理发展的乳汁,哺育儿童的心灵发展。每个孩子好比一块有待雕琢的璞玉,看若顽石的表层潜藏着耀眼的闪光点,正如苏霍姆林斯基所说:"在儿童的心灵深处,都有一种根深蒂固的需求,就是希望自己是一个发现者、探究者和成功者。"不管是家长还是教师,都要善于捕捉孩子在不经意间表现出的闪光点,于平凡细微处洞察孩子的点滴进步和创造探究的倾向,并及时加以强化,带动其他能力的发展。

有个不善言辞的孩子,平时课堂发言根本不举手。后来的一次提问中,教师觉得应该给内向的他一个机会。他胆怯地站起来了,但是回答得很好,不但教师对他给予肯定,小朋友们也拍手祝贺他。这位学生脸上显露出从未有过的喜悦之色。在接下来的活动中,他表现得非常积极,多次举手发言。从那以后,每次活动中他都能认真听讲,积极参与活动,学习兴趣越来越浓了。可见,做家长和做教师的首先要做有心人,要独具慧眼,善于挖掘孩子的闪光点,搭设让孩子展示特长、体验成功的"舞台",孩子的成就感就会得到满足,变得

乐学、好学。

爱不是一句空洞的口号,而是满腔热情的关怀,是耐心细致的引导,是一种不图回报的付出。教师的一颗爱心,应时时体现在行为上、语言上、神情上,让孩子看得见、摸得着、感觉得到。从爱开始,进行指导帮助,不歧视、不训斥、不讽刺挖苦,使孩子们感觉到老师的爱,用老师真诚的爱的情感帮助孩子塑造人格。

对孩子不仅要施予爱,还要学着理解孩子、懂得孩子,从孩子的角度去思考。这点看起来很容易,其实现在我们很难做到。我们成年人在这个社会上见过了太多成人的处事和思维,要做到用孩子的眼光去看事情,真的很困难。孩子年龄小,由于受知识、经验、能力条件的限制,他们的创造性行为往往与淘气、不听话、顽皮联系在一起。家长往往只看到孩子不守规矩的一面,并在语言行为上不自觉地压抑甚至扼杀孩子的创造性行为。因此,家长树立正确的儿童观和教育观,站在孩子的立场上看待孩子的各种行为,正确对待孩子的"越轨"行为尤为重要。我们看过了太多家长对孩子"施暴"造成后来孩子叛逆的例子,为什么不耐心对待孩子的错误呢?孩子的错误,在某种意义上也是家长的错误,首先反省的应该是家长。

第三章
超越自卑 接近优秀

Crack Child's psychological password

破解孩子的心理密码

　　我总是拿减肥成功之后的心理来和孩子的这种雄心做对比。减肥成功后的人一般都会比较好地控制自己的食欲，因为他们想留住现在的状态，他们太害怕回到以前了，所以他们总是极力用各种办法保持现状，如果有一点反弹便会自责。成功也是这样，如果他们尝到了成功的滋味，就会努力一直保持，他们的信心和努力都是勇敢的标志。相反，如果我们总是对孩子失去信心，每次在他做事之前就对他说这样做肯定会是个错误，那么他对自己的具体行为进行判断时也会失去信心。

自卑情结显而易见

有一个16岁的女孩,她从7岁起,就开始偷窃,12岁起,便和男孩子在外面过夜。当她出生时,她父母间的争执正达到最高潮,因此她的母亲对她的降临便不表示欢迎。她从未喜欢过她的女儿,在她们之间,一直存在着一种紧张关系。当她2岁时,她的父母经过长期激烈的争吵后,终于离婚了。她被母亲带到外祖母家里抚养,她的外祖母对这个孩子却是非常宠爱。

这个女孩经常挂在嘴边的话就是:"我喜欢拿人家的东西,还经常和不三不四的男孩子到处游荡,我这样做,只是要让我妈妈知道:她管不了我!"

"你这样做,是为了要报复吗?"

"我想是的。"她答道。

她想要证明她比她的母亲

更强,她之所以有这个目标,是因为她感到她母亲不喜欢她,而受到自卑情结之苦。她认为能够肯定她优越地位的唯一办法就是到处惹是生非。

儿童有偷窃或其他不良行为,经常都是出于想报复之心。而报复的初衷,不过是因为他的过度自卑。如果一个孩子从小就生活在和上面的女孩相似的家庭中,他的自卑情绪就会通过各种途径显现出来。

还有一个故事:一个15岁的女孩失踪了8天。当她被找到后,被带到警察那里。她在那里编了一个故事,说她被一个男人绑架,他把她捆起来后,关在一间房子里达8天之久。没有人相信她的话。医生亲切地和她谈话,要求她说出真情。她对医生不相信她的故事非常恼怒,于是打了他一记耳光。

我们试图研究这个女孩的心理,后来她自己说,她印象深刻的梦是这样的:"我在一家地下酒吧里。当我出来时,我遇见了我的母亲。不久,我父亲也来了。我要求母亲把我藏起来,免得让他看到我。"

她很害怕她的父亲,而一直在反抗着他。他经常惩罚她,她因为怕受惩罚,只好被迫说谎。

当我们听到撒谎的案例时,我们就必须看当事人是否有严厉的父母。如果孩子从小就畏惧家庭环境,那么他经常撒谎就是正常的,因为他没有安全感,于是他靠撒谎来掩饰自己的内心。

后来女孩还是说出了实情:有人把她引诱到地下酒吧,她在里面过了8天。因为她怕父亲知道了会对她打骂,所以不敢说出实情,但是同时她又希望他能知道这段经过,以使他屈居下风。她觉得自己一直被他压制着,只有在伤害他时,她才能尝到征服者的滋味。

众所周知,精神不正常的人肯定会有自卑情结,但是在正常人中,我们却无法看出谁有这种情绪。我们肯定不会对着一个正常人说"你肯定是个自卑的人"吧，而且我们也不会轻易看出我们的孩子有没有这样的情绪，所以我们要在孩子身上倾注更多的爱心。因为谁也说不准，我们的孩子会不会有一天和上面讲述的女孩有同样的遭遇。

不要给孩子自欺欺人的机会

如果我们看到一个不是很优秀的人却常常会表现出一副傲慢自大的样子，我们应该会猜出他的心理："别人老是瞧不起我，我必须表现一下我是何等人物！"如果我们看到一个在说话时手势表情过多的人，我们也能猜出他的感觉："如果我不加以强调的话，我说的东西就显得太没有分量了！"如果我们看到一个在举止间处处故意要凌驾于他人之上的人，我们也会怀疑：在他背后是否有需要他做出特殊努力才能抵消的自卑感。

这就像是怕别人觉得自己个子太矮的人，总要踮起脚尖走路，以使自己显得高一点一样。两个小孩子在比身高的时候，我们常常可以看到这种行为。怕自己个子太矮的人，会挺直身子并紧张地保持这种姿势，以使自己看起来比实际高度要高一点。如果我们问他："你是否觉得自己太矮小了？"我们就很难听到他会承认这个事实。其实这几类人都有强烈的自卑心理，只不过他们故意表现得比较强大，所以我们称这种人为自欺欺人。

有强烈自卑感的人往往会显得柔顺、安静、拘束而与世无争，而自欺欺人的人却会总是表现出一副很大无畏的样子。我们可以用三个孩子第一次被带到动物园的故事来说明这一问题。当他们站在狮子笼前面时，一个孩子躲在他母亲的背后，全身发抖地说："我要回家。"第二个孩子站在原地，脸色苍白地用颤抖的声音说："我一点都不怕。"第三个孩子目不转睛地盯着狮子，并问他的妈妈："我能不能向它吐口水？"事实上，这三个孩子都已经感到自己所处的劣势,但是每个人却都按他自己的风格,用自己的方法表现出他的感觉。

自欺欺人看起来是自负的表现,其实却是自卑心理在作怪。很多孩子都是因为自欺欺人而停止了进步。在面对困难的时候,他不是设法克服障碍,反倒用一种优越感来自我陶醉,或麻醉自己。同时,他的自卑感会越积越多,因为造成自卑感的情境仍然一成不变,问题也依旧存在。他所采取的每一步骤都会逐渐将他导入自欺之中,而他的各种问题也会以日渐增大的压力逼迫着他。

如果我们的孩子在面临压力和困难的时候,他不是把自己锻炼得更坚强,更有适应能力,而是在困难面前假装坚强,那么他欺骗自己的结果只是暂时的心理满足,却不能获得一丝成功。

当我们的孩子遇到了他绝对无法解决的问题时,我们首先要给予他的是更多的鼓励和爱护,让他的自卑慢慢消失,我们要对孩子讲:"这不算什么,我们一定能克服。愤怒和眼泪都不能解决问题,信心和勇气才能战胜困难。"

自卑也会带来优越感

孩子在很小的时候，如果他的自卑感一直存在，那么在他的心理会有另外一个变化，那就是由自卑带来的优越感，也可以说是一种虚幻的优越感。因为他们心里有追求优越的目标，但是行动上又达不到，而追求优越感，本身是没有什么错误的，但是当他们心理优越而行动上自卑的时候，事情就严重了。另外，自卑的孩子还容易走极端，容易在偏离优秀的路上越走越远。

有个男孩子上小学三年级，他是班上最懒惰的学生，有一次，老师问他："你的功课为什么老是这么糟？"他回答道："如果我是班上最懒的学生，你就会一直关心我。你从不会注意好学生的，他们在班上不捣乱，功课又做得好，你怎么会注意他们？"

这就是自卑孩子中极端的例子，他在学习上的自卑已经转变成了吸引老师注目的动力，他觉得只要老师注意他就有优越感；只要他的目标是在引起注意和使老师烦心，他便不会改变作风；

更无法使他改掉懒惰的毛病，因为他要达到他的目的，就必须做出这种极端的举动。

还有一个孩子，平时在家非常听话，在学校的表现却总是落后于人。家长对他也很无奈，一方面认为他是个好孩子，一方面又对他差劲的成绩无可奈何。他有一个大他两岁的哥哥，他哥哥的生活风格和他迥然不同。哥哥又聪明又活跃，可是生来鲁莽成性，不断惹出麻烦。奇怪的是，这家人却喜欢哥哥多过弟弟，因为他们都觉得弟弟的性格太闷了，不管他做什么事情都对他无可奈何，而哥哥的性格很外向，可以打骂，沟通起来也比较容易。

有一天，哥哥和弟弟发生矛盾，明明是哥哥犯了错，他还在一边振振有词，弟弟却突然对哥哥说道："我宁可笨一点，也不愿意像你那么粗鲁！"

其实最聪明的还是弟弟，他的沉默避免了很多麻烦，但是也会招致一些反感。这样看来，还是内向的弟弟比较聪明，他总是装出一副人人都拿他没有办法的样子，也不和外人说那么多话，因此别人对他的要求也比较少，如果他犯了错，也不会因此受到责备。从他的目标看来，他不是愚蠢，他是装傻。

当一个孩子的数学成绩赶不上别人，或学校作业总是做不好，在这个时候，和孩子沟通就很有必要。如果家长听之任之，只能增加孩子的叛逆心理，也许他是想使老师困扰，甚至是使自己被开除以逃避学习。如果家长在这一点上纠正他，他会另找新办法来达成他的目标。这和成人的神经病是恰恰相同的。成人的神经病很多时候是因为精神压抑而得不到满足，却苦于没有办法和他人交流。孩子也是一样的，如果家长能给予他足够的关心和及时的沟通，家长和孩子的关系就会上升到一个新的阶段。

越渴望优秀，越能超常发挥

人性里一个很重要的内容就是人们对优越感和成功的追求。这种追求自然是与人的自卑感有着直接联系的。如果我们没有感受到自卑，或者从来没有处于下游，我们就不会有超越当下处境的愿望。

追求优越和自卑感是同一心理现象的两个方面。对于追求优越感，我们可能会发出这样的疑问：追求优越是否和我们的生物本能一样是与生俱来的？当然不是这样的。追求优越感肯定不是与生俱来的。随着人的成长，社会的发展，出现了不对等，才会有优越感的人，也才会有追求优越感的现象发生。

当然．我们知道，人的活动是局限在一定的范围内的，即使能力再大、理想再大也不可能什么能力都拥有。例如，我们不可能达到狗的嗅觉能力，我们的肉眼也不能看到紫外线。不过，我们拥有某些可能继续发展和培养的功能性的能力。我们可以从这些能力的进一步发展中看到追求优越生物学前提，也可以从中看到个体人格的心理展开的源泉。

正是因为人在任何环境下都有追求优越的强劲冲动，包括儿童和成人，并且是产生后就不能改变的。人的本性忍受不了长期的低下和屈从甚至摧毁了自己的信仰，被轻视和被蔑视的感觉。不安全感和自卑感总是会唤醒人登攀高一级目标的愿望，不过这是很正常的心理现象，试想想，如果人类从来就没有追求优越感的心理，那么我们的社会将是倒退的。

孩子之所以有上进心是因为他在自己成长的环境中感受到了自卑、脆弱和不安全，而这些感觉反过来又对孩子的心理产生了刺激作用。孩子便下决心摆脱这种状态，努力达到更好的水平，以获得一种平等甚至优越的感觉。孩子这种向上的愿望越强烈，他就越会调高自己的目标，从而证明自己的能力。不过，这些目标常常超越人的能力界限。由于孩子少时能够获得来自不同方面的支持和帮助，因而便刺激儿童设想自己未来会成为一种类似上帝的人物。我们发现，孩子自己也会被一种成为类似上帝的人物的想法所控制。这通常会发生在那些自我感觉特别差的孩子身上。

一个心理问题很严重的14岁男孩，在被问及他对童年有什么印象的时候，他说，在他8岁的时候曾经因为不会吹口哨而伤心了很长一阵子，那时候，他竭力去学同学吹口哨，但就是不会发出响声。但是有一天当他走出房间时，他突然会吹口哨了。他极为惊讶，他觉得这肯定是和上帝附身有关系，而他说的这个"上帝"显然是不存在的。只能说明，人的脆弱感其实和想象中的那个上帝式的大人物之间存在着内在联系。

孩子追求优越的心理也同样表现在游戏之中。在玩马车的游戏里，很多追求优越感的孩子都喜欢扮演马夫的角色而不是马，因为马夫是整个马车的领导者，决定了马车前进的方向，所以如果别人妨碍了他们当领导，他们就会非常不舒服。

渴望优越当然不是什么坏事情，但是要引导孩子走向正确的道路，渴望优越是与一些明显的性格特征联系在一起的。当然还有一种渴望优越走上了极端，比如总会表现出一定的嫉妒心，这种类型的孩子很容易有希望其竞争对手遭受各种困难的心理。他不仅怀有这种阴暗心理，而且还会给对手制造伤害，带来麻烦，甚至表现出十足的犯罪特征。孩子有了这种心理，就会在同伴中变得很爱惹是生非，尤其是许多低年级的孩子，他们会结成一个团伙来贬损自己不喜欢的孩子以期抬高自己的价值。孩子小时候这样便也罢了，可怕的是长大后依旧如此。如果这种超过人的欲望过于强烈，可能会表现为恶毒和报复心理，于是他们在外就表现出一副好斗和挑衅的架势。他们眼露凶光，暴躁易怒，随时准备和想象中的对手搏斗。因此要引导孩子走上正确上进的道路，孩子越是渴望优秀就越可能超常发挥，就像有些高考中的孩子，越是没有自信越可能发挥失常，而自信满满的孩子就不一样了。

接受孩子"贴合实际的雄心"

孩子追求优秀当然没有不好，但是我们要给予适当的引导。人的信心分为很多种，所以我们也要对孩子的信心来进行区分。那些心理健康的孩子会把自己对优越的追求转化为对发展有用的动力，他们试图取悦老师和家长，并且很注重和周围朋友的交流，从而发展成为一个正常的学生。

还有一些孩子追求优越的途径有些奇怪，他们把这作为努力的首要目标，并表现出一种令人生疑的执着。通常，这种追求优越感夹杂过分的雄心，但是这点通常被人忽视。因为我们习惯把雄心当做一种美德，并且把这种"美德"教育给孩子，让他们雄心满满，并督促孩子为这个雄心多努力。这其实是一种盲目教育。孩子有雄心是很好，但是过分的雄心会妨碍孩子的正常发展，雄心太大会给孩子造成压力和紧张感。时间短还好，孩子还能承受，时间一长，这个压力对孩子来说就太大了。这样一来，孩子就会花太多的时间在书本上，从而忽视了其他活动。如果他们受到自己膨

胀的雄心驱使，总想在学校名列前茅而把自己的精力过分集中在成绩上，这样的情况家长也不会感到舒服。因为陪孩子、逼孩子学习也是件很累人的事情，不仅家长心里不舒服，孩子的身心也不可能得到健康发展。

　　如果一个孩子仅仅把自己的目标放在超越别人上，那么他的生活将会非常局限。他们的生命目标仅仅局限在超越别人，并由此来安排他们的生活，这对孩子的正常发展并不十分有利。有个孩子从小就十分聪明，她的妈妈也常常跟她说，一定要做同学中成绩最好的，于是孩子醒来睁开眼的第一件事就是喝下妈妈准备好的牛奶，然后起身学习，放学后被父母接回家也是如此。当她考上一所名牌大学的少年班时全家人都高兴得为她欢呼，接下来就传来消息：学校因为这个女孩生活不能自理建议她回家再上一年高中，顺便让家长培养她的自理能力。幸好这个孩子最后还是顺利进入了少年班。这当然不算极端的例子，最极端的是孩子一心扑在学习上最后耽误了很多事情，我们要不时地提醒他们不要完全把时间放在书本上，要经常出去走动，呼吸一下新鲜空气，多与同伴玩耍，顺便再关注一些其他的事情。这样孩子的学习和生活才能结合起来，身心才能同步发展。

　　过分培养孩子的雄心还会造成在同一个班级的两个学生暗中较劲的情况。如果有机会对此进行仔细观察，我们会发现，这两个相互竞争和较劲的孩子会喜欢相互之间争来争去。竞争到一定程度，他们还会表现出既妒忌又羡慕的性格，直到长大也还是会和别人斤斤计较，他们看到别的孩子取得成功，会感到恼怒不已。当其他人处于领先位置时，他们就开始有头疼、胃疼之类的毛病；当其他的孩子受到赞扬时，他们会愤怒地走开。当然，他们也从不会称赞别人。这真的是一种极端的表现，所以当我们的孩子有这种心理状态时，你能说这还是正常的雄心壮志吗？

　　孩子的雄心一旦歪曲就是一件很麻烦的事情，尤其还会表现为不能和周围的孩子友好相处,我们注意到这类孩子在玩游戏时,总想扮演领导者的角色,也不愿意遵守一般的游戏规则。这样做的结果就是他们在集体活动中体会不到乐趣,并以高傲的态度对待同学。跟同学的任何接触,都会让他们心里不愉快。因为在他们心里总会觉得,跟同学接触越多,他们的地位就越不安全。这种类型的孩子对自己的成功从来没有信心。当他们感到自己处于不安全的环境之中时,他们很可能会方寸大乱、不知所措,因为这时的他们已经没有安全感,并且压力很大,如果周围竞争对手很多,他们会难以重负。

不要让孩子失去平衡感

有些天生有残疾的孩子,如果观察他们家长的教育方法就会发现,两种不同的教育方法会产生两种截然不同的后果,下面我们就两个孩子的例子来说明。

杰克是一个小儿麻痹症患者,他的父母在他很小的时候就给予他比其他孩子更多的溺爱,他们的观点就是:我生了这样一个孩子,我一辈子就是亏欠他的,我有多少就给他多少,绝对不能让他受罪。因此当杰克读书到高中毕业时,家长就拒绝让他再受到更多的教育,在社区的报刊亭为他

谋了个职位，每天用几分钟就可以走路回家，这样父母可以更好地照顾他，父母一直以来给杰克灌输的观点就是："你和别人是不一样的，你的身体情况不如别人，所以你能做多少就做多少，不要让自己太累就好。"后来杰克在父母很老的时候还是在父母身边，当然他还拥有属于自己的报刊亭的工作，每天生活得很平静。

杰森和杰克的身体情况一样，也住在同一个社区，只是父母的教育方法完全不一样。他的父母从小就对杰森说："你和别的孩子没有什么不同，他们做到的你同样可以做到，只不过你需要付出比别人更多的努力，只要你做到了，就肯定能行。父母可以陪你一时，但不会是一世，以后的路是好是坏全部取决于自己。"于是杰森不管在人生的任何阶段都用正常人的标准来要求自己，并且通过自己不懈的努力和坚强的毅力做出了让很多人都惊讶的事业——他成了一位著名画家，并且生活得非常好，还让自己的父母可以安享晚年。

这是两个非常典型的例子，两个孩子的先天条件没有什么不同，就是因为家庭的教育不一样就造成了如此差异巨大的结果，我们可以从这些天生有器官缺陷的儿童身上看到，对人生的价值观有平衡感是何等重要。如果我们一直给他们灌输的是一种积极的观点，很多事情就会变得顺利得多。人们很少注意到为什么许多孩子身体的左半部要比右半部发育得更好，我们会发现，左撇子儿童在书写、阅读和绘画方面会遇到很多困难，一般在运用手的方面显得笨拙、不够灵活，似乎他们有"两只左手"。这就是灌输给孩子的思想问题，如果我们不需要借助一定的方法来确定孩子是否为左撇子，对所有孩子一视同仁，那么左撇子的概念将不会出现。很多孩子也不会因为自己是左撇子觉得和别的孩子有什么不同，也不会出现被嘲笑的现象。

左撇子在我们的日常生活中比较常见，对大量左撇子孩子的生活加以研究，我们就会发现这样一些事实：首先，这些孩子通常都曾被视为笨拙

(在我们这个以右手为主的世界中并不奇怪)。我们只需想象一下，习惯右道行驶的我们在左道行驶的城市(如在英国或阿根廷)试图开车穿越街道时的不知所措，就会想象出左撇子的状况不妙了。左撇子儿童的情况要比这更糟，如果家庭其他所有成员都是右撇子的话。他的左撇子不仅给他自己的生活带来很多麻烦，也干扰了家人的生活。当在学校学习写字时，他在这方面的能力要低于平均水平。因为其中的原因并没有被认识到，因此，他在学校会经常受到斥责，得到较低的分数，并经常受到惩罚。在这种情况下，左撇子儿童只能把这理解为他在某些能力方面不如别人。他会感觉到被歧视，感到自卑或没能力与别人竞争。他在家里同样会因动作慢而受到斥责，这就更加重了他的自卑。我小学三年级的同桌也是一个左撇子，我清楚地记得，那时候仅仅为了嘲笑他是个左撇子，就顺带把他那并不好看的字体也嘲笑了一番，还向老师打报告，说他动作太慢耽误整个小组的成绩，请求老师把他调到别的一组。老师也竟然答应了这个要求，现在想

想,自己那时不是个合格的学生,而那位老师也不是位合格的老师。

很多左撇子儿童、一些身体有残疾的儿童有时候会一蹶不振,当然了,我们看到许多儿童在类似的情形下放弃了努力。他们不明白自己真实的处境,也没有人向他们解释如何去克服困难,可以想想他们在不平等的对待下心理有多难受。但是很多人不知道,在许多一流的音乐家、画家和雕塑家中,有很多都是天生的左撇子,并且他们后来通过特殊的训练,都获得了动右手的能力。

还有一种迷信的观点认为,天生的左撇子通过训练来使用右手就会说话结巴,这个说法太片面了。其实是由于左撇子的孩子在训练过程中太紧张了,以至丧失了说话的勇气,所以变得结结巴巴。但另一方面,我们也经常看到,很多左撇子和身体有残疾的人往往可以取得很高的成就和社会地位。这通常是发生在文学和艺术行业,因为这些行业需要的感性成分比较多。

基于以上原因,我们在教育身体有残疾的孩子时,要让他们知道他们就是正常的孩子,培养他们和普通孩子一样的自尊和自信,不要让他们从心理上失去平衡感,这样孩子在成长过程中才不会迷失自己。

勇敢是超越自卑的第一行动

我们总是把野心勃勃和勇敢混淆在一起。其实,训练孩子野心勃勃并无益处,相反,更为重要的是培养孩子的勇敢、坚韧和自信。要让他们认识到,面对挫折不能气馁,不能丧失勇气,而是要把挫折当作一个新的问题去解决。当然,如果教师能够判断孩子在某个领域的努力是否有希望,能够确定孩子是否尽了最大的努力,那么,这对于孩子的成长和发展就更为有利。而野心勃勃能教孩子做什么呢？它只会让孩子的压力越来越大，和别人恶性竞争的渴望越来越高，甚至到最后，孩子会因为不堪负荷压力而变得一事无成。

正如我们所看到的那样，孩子对优越感的追求会体现在他性格的某一面，如争强好胜。但是，如果由于其他孩子已经远远走在了前面，超越他们已经似乎不可能了，争强好胜者最后便放弃了。

许多教师采取非常严厉的措施，或以给较低的分数来对待那些他们认为没有表现出足够"雄心"的学生，希望以此来唤醒他们沉睡的"雄心"。如果这些孩子仍然还有某些勇气的话，这种方法也可能短时间奏效。不过，这种方法不宜普遍使用。那些学习成绩已经跌近警戒线的孩子会被这种方法弄得完全不知所措，会因此而有明显的愚笨状态。

但是，如果我们能以温和的方式来关心和理解这些孩子，他们则会表现出一些令人吃惊的智力和能力。以这种方式转变过来的孩子通常会表现出更大的雄心，其中的原因很简单：他们很害怕回到原来的状态。他们过去的生活方式和无所作为成为警示信号，不断地鞭策着他们前行。在以后的生活中，他们中的许多人就像着了魔似的，完全变了个样子：他们夜以继日，饱尝过度工作之苦，却认为自己做得还不够。

我总是拿减肥成功之后的心理来和孩子的这种"雄心"做对比。减肥成功后的人一般都会比较好地控制自己的食欲，因为他们想保留现在的状态，他们太害怕回到以前了，所以他们总是极力用各种办法保持现状，如果有一点反弹便会自责。成功也是这样，如果他们尝到了成功的滋味，就会努力一直保持，他们的信心和努力都是勇敢的标志。相反，如果我们总是对孩子没有信心，每次在他做事之前就对他说这样做肯定会是个错误，那么他在对自己的具体行为进行判断时也会失去信心。

从这个观点出发，我们就可以理解所谓的"坏"孩子到底是怎么回事。孩子之所以不想上学，是因为他追求优越的心理没有转化为学校的要求，而是表现为对学校要求的拒绝。于是，他表现出一系列的行为症状，逐渐堕入不可救药的境地，甚至不仅没有进步，还在退步。他越来越乐于成为一名小丑，不断地捣蛋戏谑，引人发笑，除此之外，无所用心。他还会激怒和招惹同学，旷课逃学，或与社会上不三不四的人打成一片。

所以我们在培养孩子的勇敢时，要给孩子适当的信心，这些会决定他们以后的发展。家庭教育处于学校和社会的中间位置，对孩子的引导作用及其重要，要想让孩子弹奏好生活和学习这部曲子，必须教好孩子谱子，不要让他们在最基础的环节就出错。

"坏孩子"也是宝

学校是孩子们聚集的一个地方。正是由于各种各样性格的孩子都聚集在那里，所以要想让孩子一直顺着自己的性子成长是很难的。学校总是试图按照所在时代的社会理想来教育和塑造个体。学校会按照一个惯有的模式塑造一个统一的人格标准和行为表现标准,这种人格的行为表现和个体逐渐形成的行为模式是一致的。那么,孩子的一切应该遵循的行为就很清楚了。正是因为这样,我们的孩子才会被分成好孩子或者坏孩子。如果我们把学生的一个特定行为或态度,例如,把上学拖延理解为他对学校布置的任务的不可避免的反应,那么,对这个具体行为进行判断的不确定性就荡然无存了。孩子的这种反应仅仅意味着他不想上学也不想努力完成学校的任务。所以就把这样的孩子定义为坏孩子。

有些学校为了培养出自己的标准学生,或是对这样的"坏孩子"失去信心,不管不问;或是对他们施行"积极"的打压政策,不让他们的"坏语言"和"坏动作"得逞。我们也经常遇到这样的家长,在提起他的孩子时,总是摇头叹息,把自己的孩子说成是彻底的坏孩子,对孩子失去教育的信心。

既然父母和学校都对自己失去了信心,那么孩子自己呢?他会怎么做?他首先想到的就是逃避。我们经常会发现,这些孩子会做出一些特别的行为,如顽固和无礼,这些行为自然不会赢得教师的赞扬,却可以吸引教师的注意和其他孩子的崇拜。他们会因此把自己视为了不起的英雄人物。在学校中会遇到这样的情况:许多孩子会在很多别的同学的怂恿下顶撞老师,当着很多人的面让老师下不来台,这种孩子的心理就是:既然我不能作为正面教材受到你们的肯定,不如就把反面教材做彻底。

这些心理表现和偏离规范的行为是在作为心理准备情况检验地的学校中暴露出来的。它们产生的根源并不都在学校,尽管它们的确是在学校才露出端倪。从积极的意义上来说,学校对于这些问题负有教育和矫正的责任,从消极的意义上来说,学校只是孩子早期家庭教育弊端暴露的场所而已。

给孩子选择一个很好的基础教育学校非常重要,这是因为,一个称职

的学前教育老师会发现孩子的很多特点然后因材施教。现在很多家庭只有一个孩子，这些孩子到了学校后会马上暴露出受到过分溺爱的迹象。他们觉得新环境给他们带来了痛苦和不适。但是这种孩子没有与人打交道的经验，所以他们不愿也不能获得友谊。孩子在入学之前最好已拥有一些如何与人交往的知识。他不能只依赖家长，而把其他人排斥在外，这就是很多小孩子在家里的时候很活泼到了幼儿园就变成了孤零零的一个人。所以家长在给孩子选择学校的时候，一定要注意到这一点。要提前和孩子的学前教育老师沟通，注意孩子在学前教育时的身心发展。

很多在家受到过分溺爱的孩子，适应学校的能力也是很弱的，可能有一段很长的路要走。他不可能很专心。他宁愿待在家里也不愿上学，这是很多孩子身上都有的早期厌学现象。孩子厌恶上学的迹象是很容易被发现的。例如，父母每天早上都要哄劝小孩起床，催促他做这做那；孩子吃早饭的时候磨磨蹭蹭等。看上去孩子已经为自己的进步构筑一条不可逾越的障碍。这些只不过是孩子成长过程中最普通不过的问题。但是许多家长和教师都把他们当做坏孩子，甚至在其他孩子面前也会这样称呼他们。

矫正这种情况和解决左撇子的问题一样：我们必须给他们足够的时间去学习和改变。如果他上学迟到，我们也不能惩罚他们，因为这样只会加重孩子对学校的厌恶，让孩子不但不愿意去上学，还会寻找方法来应对自己的处境。当然，这些方法是为了逃避困难，而不是面对和解决困难。我们可以从孩子的每个动作和行为中看出他厌恶学习、无力解决学业问题。如果我们看到一个孩子经常忘记或丢失书本，完全可以肯定，他在学校的学习情况并不如意。

假如我们进一步观察所谓的"坏孩子"，几乎总会发现，他们对获得哪怕是最微小的学业成功都不抱希望。他们这种自我低估并不完全是自己的责任。周围的环境对于他们走入这条错误之途也起着推波助澜的作用。家人在发怒的时候可能会说他们没出息,以后也没有前途,骂他们笨蛋或无知。他们在学校感到似乎是在证实这些预言或谩骂,他们也缺乏判断能力和分析能力(他们的长辈也同样缺乏这些能力)来纠正这种错误的看法和预言。因此,面对一件事情他们甚至还没努力去做,就已经放弃了。他们把由他们自己造成的失败视为不可克服的障碍,由此我们就知道给孩子的心理暗示有多重要了吧?

对于大人来说,犯错误就改正或许是一件比较容易的事情,但是对于孩子来说,错误一旦发生,矫正的可能性就很小。这些孩子尽管做出明显的努力却通常还是落在别人后面。因此,他们很快就会放弃努力,并开始寻找借口来解释他们为什么旷课或者逃学。旷课和逃学是孩子最容易让老师和家长恼火的行为,这通常被视为一件非常严重和非常危险的劣行,总是要给予最厉害的惩罚。于是,孩子会认为自己被迫使用诡计蒙骗父母和老师。不过,还有其他一些使他们在错误的道路上越走越远的手段。他们会伪造家长签字、篡改成绩报告单。他们会向家里编造一系列他们在学校所作所为的谎言,而他们实际上已经逃学好长一段时间了。在学校上课期间,他们会寻找藏身之地,他们会和其他已经逃学一段时间的孩子躲在一起。由于逃学,他们追求优越的心理就无法满足。这就驱使他们采取新的行动,确切地说,就是违法行为,来追求优越感。这样一来,他们一个错误接着一个错误,最终走向了犯罪。他们最终还会结成团伙,开始盗窃并且惹上其他恶行,但是他们也不会觉得这有什么大不了。一旦他们开始迈出这么一大步,他们就会寻求新的方法来满足他们的野心。只要他们的行动没有被发现,他们就可能犯下更大胆的罪行。他们会一意孤行地沿着这条路走下去,因为他们认为他们在别的方面不可能取得成功。受同伙行为

不断刺激的野心，驱使他们做出反社会的行为。我们可以发现，一个有犯罪倾向的孩子同时也极端自负，这种自负和野心有着同样的根源。它迫使这种孩子不断以这种或那种方式来突出和显示自己。当他们不能在生活中的积极方面寻得一席之地的时候，就会转向生活中的消极方面。

有一个曾经杀死自己老师的孩子的例子是这样的：负责管教这个小男孩的是一名女教师，她认为自己很了解心理活动的表达和功能。这个小男孩在一个受到精心看护却又太过紧张的气氛中长大。这个小男孩丧失了对自己的信心。因为曾经心比天高，却一无所成，也就是说，他现在已完全心灰意冷了。学校和生活都满足不了他的过高期望，他便开始做违法犯罪的事，以此来摆脱教师和教育治疗专家的控制。因为社会至今还没有设立一种可以把犯罪，特别是青少年犯罪当作教育问题来处理的机构，换句话说，就是当作心理矫正的问题来处理的机构。

从事与教育有关的工作者都熟悉这样一个值得注意的事实，即我们经常在教师、神父、医生和律师家里发现败坏和任性的孩子。这种情况不仅发生在职业声望较高的教育者家庭，而且还会发生在那些我们认为是重要人物的家庭。尽管他们拥有较高的职业权威，不过，他们似乎没有能力为自己家里带来和平与秩序。对这种现象的解释是：在所有这种家庭里，某些重要的观点不是被完全忽视了，就是完全没有被理解。其中的部分原因是这些作为教育者的父亲借助他们自以为是的权威把一些严格的规则和规定强加给他们的孩子。这样一来，他们就异常严厉地压迫了自己的孩子，威胁到孩子的独立，甚至剥夺了他们的独立。他们似乎在孩子身上唤起了一种反抗的情绪，唤起了孩子对责罚他们的棍棒的记忆。

家长刻意的教育会使他们特别关注和监视自己的孩子。在绝大多数的情况下，这是件好事。不过，这也经常使得孩子总想处于被关注的核心。这样一来，这些孩子易于把自己视为一种用来展示的试验品，并认为他人应对此承担责任，因为他人是决定和操纵的一方。

自卑和优越的源头在哪里

有一个30多岁的女人阿芙拉，她经常对周围的人抱怨她生活得多么不愉快。事实上，她的学历不是很低，自身外貌条件也很好，但她一直没有一个好工作和一个温暖的家庭。许多人都不理解她有着还算不错的条件，为什么工作和生活上会不如意，后来她述说了她的童年，这才让我们找到了一些答案。

阿芙拉有一个还算幸福的童年，她的上面有三个哥哥，而她小时候又非常漂亮，所以家人把她宠得像小天使一样，什么都会满足她，还请了一位保姆专门照顾她。保姆家的孩子也在阿芙拉家住，但是保姆出于好心，觉着阿芙拉是个贵族小姐，不应该和她的孩子以及周围的孩子在一起玩，所以当保姆的孩子出去和外面的孩子以及阿芙拉的三个哥哥一起玩耍时，阿芙拉就被保姆留在家里。有一次，阿芙拉试图出去和外面的孩子玩，可是当她刚走到外面的孩子们身边时，那些孩子就开玩笑说："巫婆，真的有巫婆！"阿芙拉不知道是怎么回事，吓得连忙回到家里，她问保姆："咱们这里真的有巫婆吗？"保姆告诉她说："不仅有巫婆，还有很多很多怪物会把你抓走，所以你千万别出去和那些坏孩子玩，他们都要被抓走的！"于是，阿芙拉就只能生活在一个非常小的圈子里，不能和外面的孩子接触。

阿芙拉18岁的时候，家里人给她请了一位非常优秀的钢琴教师。钢琴教师是一位很帅的绅士，接触久了以后，他也被阿芙拉的单纯和美丽所吸引。但是他知道阿芙拉是大家闺秀，他们的身份差距太大，虽然喜欢阿芙拉，但教师还是竭力压制自己的感情。阿芙拉也对绅士教师一见钟情，有好多次，她都表现出自己的感情，但是教师每次都躲躲闪闪，阿芙拉顿时对自己失去了信心。她并不知道教师是出于尊重和胆怯才做出那种表现，而认为教师对她根本没感觉，觉得自己不值得别人喜欢。就这样，阿芙拉的童年和少女时代都过得很自卑，她觉得自己虽然在家里很受宠爱，但是外人都不喜欢她，肯定是自己的容貌或者是别的方面都不好。其实这完全是她自己的臆测。

阿芙拉在考虑自己的爱情和婚姻的时候，总是会感到自己的软弱；在从事某种职业的时候,如果没有得到同性和异性的肯定,她也会感到自卑。在她还没有学会如何应对这些问题时,她的父母就相继去世了,这样,她的王朝也就垮了。她的亲戚们当然不如父母照顾得周到,过不久他们便表现出对她的不满。于是阿芙拉便越来越自闭,以至于她对这个世界失去了信心。

布兰奇是另外一类女孩,她的自身条件和阿芙拉相差太远了。她只是一般家庭出身的女孩,她的长相客观来说还有点丑,但是父母一直给她乐观向上的教育,让她从小就和外面的孩子接触,也不阻碍她和男孩子的一般交往。布兰奇的家庭太幸福了,她从来没想过自己要早恋,于是她大学毕业后很快就找到了一家医院的护士工作,到了适婚的年龄她通过别人介绍和一个优秀的男孩结婚了。和阿芙拉的情况相反的是,布兰奇一直都觉得自己很有优越感,她觉得只要自己努力,得到的一切东西都是应该的,我们当然也不会反对这样的理想吧?

在人类的分工中,有许多可供安置不同具体目标的空间存在。我们说过,每种目标都可能含有少许的错误在里头,而我们也总能找出某些东西来吹毛求疵。对一个孩子而言,优越的地位可能在于数学知识;对另一个,可能在于艺术;对第三个,则可能是健壮的体格。消化不良的孩子可能以为他所面临的问题,主要是营养问题。有时候我们给了孩子我们觉得很好的东西,却可能不是他需要的,于是他的自卑感越来越强,因为他没有在他的弱项上得到肯定,这也就是我们家长亟待努力改正的方向。

第四章
引导孩子走向优秀

Crack

Child's

psychological

password

破解孩子的心理密码

很多孩子的懒惰就是娇惯出来的,所以要克服孩子因娇惯而养成的懒散心理。孩子懒散好像是通病,这与家人的娇惯有一定关系。很多孩子的懒惰,表现在事事向大人求助:"妈妈,快来帮我……"起床时,也会窝在被窝里,等着父母给穿上衣服。甚至连东西掉地上都会假装没看见,因为他知道家长会替他捡起来。他纠缠家长,就是想让家长帮他做这做那。对于孩子的这种毛病,最好让他做一些锻炼自己独立能力的事情,慢慢锻炼他从小事做起的能力,慢慢改掉他的懒惰行为。

让孩子和社会建立友谊

前面我们总是在说自卑感与优越感。其实，自卑与优越是人在社会生活中产生的一种潜意识，人都是在社会中成长，在社会中获取自己的满足感与成就感。这个社会，大可以指人类社会，小可以指学校和家庭。孩子的人格教育过程几乎都是先由家庭，再到学校，最后走入社会。

我们的孩子从出生的时候开始，就不断地追求发展，追求伟大、完善和优越的前景。这种前景是无意识形成的，却无时不在。在家中比较受关注和重视的孩子，进入学校后由于这种关注和重视减小，孩子的不适应感带来内心的自卑。他们希望超越现实，让自己在学校也能获得如同家庭般的关爱。于是，孩子的表现在学校发生了变化，这种变化，更多的是孩子希望通过自己的努力改变去获得同学和老师对他的认同感，包括学习优秀、恶作剧、调皮捣蛋等。教师要及时给予正确的引导，细心观察孩子的变化，了解孩子在家的表现再来判断孩子的行为动机。不能只看表象，否则就不能对孩子的教育问题对症下药了。同时也说明了家庭教育的重要性，问题孩子的产生很多来自家庭原因，而来到学校就暴露出来而已。

我们的孩子之所以要有社会情感是因为社会情感与生活风格是相联系的。孩子的生活风格主要体现在处理三种关系上：处理和他人之间的关系，处理自己的职业问题，处理和异性的关系。在处理这些关系的时候，我们能够感觉到一个人一贯的生活风格，如专横武断—善解人意、积极向上—消极应对、贪婪索取—无私分享、专注专一—变化多端……这些风格，有些只是中性的不同应对策略。而这些在与人交往中处理关系的风格，也便是培养孩子的社会情感的过程。

有些家长现在还天真地以为，孩子的成绩好就什么都好。其实，高智商并不能代表成功。让我们的孩子在头脑聪明的同时，培养良好的社会情感，具备高水平的情商是走向成功的保证。智商是用来反映一个人智力水平的数值。它体现了一个人的记忆力、观察力、思维力、想象力、创造力和知识面。而情商是用来反映一个人社会适应性、社会交往能力的数值。它体现了一个人的同情心、情感表达能力、自控力、适应性、独立性、人

际交往能力、受人欢迎的程度、是否善良、友爱、尊重他人、是否能承受压力、坚持不懈等。

　　培养孩子良好社会情感可以帮助他和谐地与人交往，并懂得关心、爱护他人，体谅、宽容、同情、尊重他人。还能使他适应未来社会的环境、竞争与压力，在逆境和挫折中充满自信，并积极进取。一个情商高的孩子应做到，无论周围的环境如何变化，都能保持平和、开朗、快乐的心态和强烈的责任心。我们做家长的，首先要时时给予孩子信任和关爱；在孩子遇到实际的困难时，要教给孩子学习的方法，并鼓励孩子自己解决问题；另外在生活中不要什么都把孩子放在首位，不要让孩子觉得这个家就是围着他转的，要让孩子体会到家长的辛苦和不容易，体会到出去和周围的人交往是一件非常必要的事情。

培养孩子的社会情感

　　社会情感的根源是什么？可以说，任何社会情感都反映了体力的虚弱，并与体力关系密切。那么，我们为什么在孩子时期就谈到社会情感的问题？这是因为这个年龄阶段的人最无助而且思想成长缓慢，他们更需要来自家庭和外界的各种情感来滋润他们幼小的心灵。

　　很多家长都会发现，现在很多孩子都是在家里很霸道，在学校却很胆小，原因就在这里。现在很多家长因为自己的工作忙，孩子出生后都是交给爷爷奶奶，而通常情况下，爷爷奶奶都是比较溺爱自己的孙子或者孙女，不是很关注社会情感的培养。缺少父母陪伴的他们就在这个时期形成了成长缺失。一旦离开家人，胆子都变得很小，偶尔有的还会用哭声来寻求帮助。

语言也是孩子寻找社会情感的一种办法。我们通常认为，有些孩子之所以比另一些孩子更善于说话和表达，这完全是因为他们更有语言天赋。其实不是的，有语言障碍或与别人有交流障碍的孩子通常缺乏强烈的社会情感。有语言障碍的孩子通常是由于被过分宠爱的缘故。这些孩子在尚未表达自己愿望之前，母亲就已为他做好一切了。孩子没有了说话的需要，从此也就失去了与外界接触的机会，失去了社会适应能力。溺爱中的孩子普遍晚熟，只有在锻炼中孩子才能快速地成长起来。

有些孩子语言迟疑或不愿说话，这是因为他们的父母从不让他们说完整一个句子，不让他们自己回答问题；另一些孩子则是因为说话时被取笑和嘲讽而失去了信心。对孩子说话不断地纠正和挑剔似乎是家长的一个广泛存在的不良习惯。其糟糕的结果是，这些孩子便长年累月地背负低人一等和自卑感之苦。例如，有些人说话时每个句子开头都会不断地重复"请不要取笑！"，很明显，这些人在童年时说话经常被取笑。

有这样一个例子：一个小孩能说能听，不过，他的父母既聋又哑。每当孩子受伤的时候，他只是流泪，而不哭喊。这很有意义，而且也很有必要，因为他的父母可以看见他流泪伤心的样子，而听不到任何伤心的哭喊，这种沟通真让人觉得怜惜！

　　语言可以促进社会情感，行为也可以。有时候，有些人的行为在我们看来很不明智，但是仔细一想，还是有道理的。就像我们前面说到的那个爱遗尿的孩子，他的行为看起来是不明智的，而实际上他就是想引起妈妈的注意，让妈妈的感情天平稍稍向自己这边偏向而已。理解了孩子的这份"苦心"，我们还会觉得孩子有什么错吗？

　　如何确定一个孩子的社会情感的发展程度呢？对于这样一个问题，我们的回答是，需要观察他特定的行为表现。例如，如果我们看到一个孩子追求优越性时不顾他人，总想突出自己，那么我们可以肯定，他比那些没有表现出此行为的人更缺乏社会情感。如果遇到一个孩子思想混乱，甚至形成了犯罪的倾向，那么我们就要记住，长篇累牍的道德说教不会有什么效果，而是要对这个孩子进行深入探究，从而将其有害的心理连根拔除。换句话说，我们不要扮成道德的法官来对他们进行审判，而是要成为他们的朋友或治疗他们的医师。

　　如果我们不断告诉一个小孩他很坏、很蠢，那么，不要过多长时间，他就会相信我们的断言是对的，并最终失去了面对困难和解决问题的勇气。每当我指着自己的孩子说："你怎么就这么笨呢，别人都会你怎么不会？"说完我就很后悔。我也知道经常这样说，孩子从心里就会认为自己就是不行，在学习上也许就会放弃的。但是有时候实在是被孩子气得失去理智才说出那样打击他的话。所以孩子不了解他的环境才是他失去信心的根源，并会不知不觉地相应规划自己的生活，以证明对他的错误判断是正确的。这个孩子会感到自己天赋不如别人，认为自己的能力和发展的可能

性有限。从他的态度中，我们可以准确地看到他消极的心境，这种心境与环境对他的不良影响直接相关。

处境不同的孩子会有不同的情感表现

家长经常会忽视或误解孩子在家庭中不同的处境，独生子女们还比较简单，那些有兄弟姐妹的孩子的处境和独生子女的处境就存在差异。长子的处境一般会比其他的孩子特殊，之所以特殊，是因为他曾经是家里唯一的孩子，这种经历是家里其他的孩子从来没有经历过的；最小的孩子的处境也不是其他孩子所能体会的，因为他曾是家里最小和最弱的孩子。他们处境各不相同。

如果两个兄弟或两个姐妹一起长大，那么年龄较大、能力也较强的孩子所克服的困难则是较小的孩子仍要面对的。年龄较小的孩子的处境要相对不利一些，他当然也会感受到这一点。为了补偿他的这种自卑感，年幼的孩子会加倍努力，以超越其年龄较大的哥哥或姐姐。

如果年龄较大的孩子取得正常的进步，那么这就会刺激年龄较小的孩子投入更大的努力以追赶他的哥哥或姐姐。其结果是，较小的孩子通常更加积极进取，更加咄咄逼人。如果年龄较大的儿童比较弱，发展较慢，那么，年龄较小的孩子也就不需要被迫付出更大的努力和他竞争。所以，有时候一个哥哥或姐姐在家里对下面孩子的影响甚至等同于父母的位置，他们可以成为弟弟妹妹们膜拜的对象，虽然他们自己并没有意识到会这样。

因此，确定一个孩子在家庭中的位置是很重要的。因为我们只有了解了他在家庭中的位置，才能完全地了解他。家庭中年龄最小的孩子也必然会表现出他们年龄最小的迹象和特征。当然，我们会发现例外。最小的孩子通常都想超过所有其他的哥哥姐姐，他们夜以继日，从不停息，总是感到和认为自己必须比所有其他人做得更多、更好，总是要不断采取进一步的行动。家长多做这样的观察对于孩子的教育很有意义，因为这决定了对孩子的教育方法。对不同的孩子采取同样的方法，这肯定行不通。每个孩子都是独特的。当我们按照一定的标准来对孩子进行分类时，还必须注意把每个孩子作为个体来对待。这对于学校当然很难办到，但对于家庭则肯定可以办得到。

另一种类型的孩子和上面描述的积极进取的类型完全相反，他们完全丧失了信心，懒散之极。这两种类型的孩子表面上的差异，可以从心理学上加以解释。没有人会比那些渴望超越别人的人更容易受到挫折的了。这种孩子的过大雄心使他不快乐，而且一旦遇到似乎不可克服的障碍时，他就比那些目标相对不够高远的人更迅速地退缩逃避。我们可以从一句谚语中看出这两类孩子的人格化的特征："要么全有，要么全无。"

有一个叫布鲁克的孩子，他是家里的长子，之前一直被父母溺爱，父母对他的期望甚多。他的处境一直非常有利，直到有一天他的妹妹突然出现了。妹妹进入了由她被宠坏的哥哥所控制的世界。布鲁克视她为一个可恨的入侵者，并与她奋力抗争。妹妹的这种处境激励她做出非同寻常的努力，而且只要她不崩溃，这种激励就会影响她整个人生。于是，这个妹妹进步很快，这种快速进步也吓坏了她的哥哥，因为它危及了他自己优越的地位。他感到了不安全、不踏实。而且女孩一般在14~16岁期间的发育及各项能力的发展要比男孩快。于是，哥哥的不安全感可能变成彻底的气馁。他轻易地失去了信心，放弃了努力。他寻找各种合理的借口，或自己为自己设置障碍，以作为自己放弃努力的理由。

布鲁克无所适从、放弃希望、莫名其妙地懒惰或神经兮兮，这是因为他感到自己没有能力和妹妹竞争。我们经常会遇到这种类型的长子。他们令人难以置信地憎恨女人。他们通常命运悲惨，因为很少有人理解他们的处境，他们也很少向人解释他们的处境。有时，长子的情况会更糟，以至于他们的父母和其他家庭成员都会抱怨："为什么情况不是相反？为什么男孩不像男孩，而女孩不像女孩？"

懒惰的孩子怎么教

很多家长都会犯这样的错误：平时对孩子照顾得太周到了，什么事情都为孩子做好，恨不得孩子要什么都满足他，一方面又觉得孩子太懒了，什么都不会干。可是我们做家长的想过没有，有没有小孩一两岁的时候你就觉得他很懒惰？肯定没有。因为一两岁的孩子每天都蹦蹦跳跳的，有时候家长去做家务，孩子就会走过来，模仿家长的动作。这是很常见的，因为孩子的模仿能力很强，你很勤劳，孩子会模仿你的动作。

如果妈妈在擦桌子，孩子在模仿的时候，家长过来说，你那么小别搅和了，妈妈擦就好。你给他推两次、推三次之后，他以后还过不过来？很可能就不过来帮忙。甚至于很多家长就说："你只要把书给我念好就好，其他的事统统不用管。""统统不用管"这句话把孩子推到哪里去了？

所以，我们为人父母一定要把孩子教勤劳，不然会把这个懒惰的习惯传给孩子。很多勤劳的女性特别"照顾"孩子，什么活都不让孩子干，可是她又常常抱怨先生很懒惰，她把所有的埋怨都归于丈夫，但是她却不觉得自己的孩子不做事是不应该的，其实，孩子的习惯都是从小养成的，只有让孩子从小做家事劳动，他才不会懒惰。

孩子懒散，要分析原因。孩子的懒散可能有许多原因。

懒散可能和家长要求太高有关。有的家长平时爱唠叨，好像只有每天对着孩子嘱咐一声"你一定要好好学习啊"心里才会踏实一些，以为不嘱咐，孩子就不好好学习了。这使孩子在精神上倍感疲倦，于是产生了懒散、消极的情绪。果然，孩子为了避免家长的唠叨，就干脆不说话；怎么做都不能让父母满意。对待这样的孩子不应该求全责备，最好让他根据自己的实际水平制定一个学习计划。按自己制定的计划做事，就会让他有自信心和成就感。

杜绝孩子懒惰的另一个办法就是培养孩子的责任心和自理能力。很多孩子从小都被宠着，自己动手的能力很弱，自理能力也太差。这种情况下，训练孩子的自理能力是很有必要的，例如，给孩子规定在什么时间里把一件事情完成。这样可以锻炼孩子的自理能力，如果能养成一个很好的习惯就能避免他的懒惰。

孩子懒惰好像是通病，这与家人的娇惯有一定关系。很多孩子的懒惰，表现在事事向家长求助："妈妈，快来帮我……"起床时，也会窝在被窝里，等着家长给穿上衣服。甚至连东西掉地上都会假装没看见，因为

他知道家长会替他捡起来。他纠缠家长,就是想让家长帮他做这做那。对于孩子的这种毛病,最好能让他做一些锻炼自己耐心的事情,慢慢锻炼他从小事做起的能力,慢慢改掉孩子的懒惰习惯。

善待有"小毛病"的孩子

有不少孩子平时有一些"小毛病",例如,有的孩子说话时喜欢带有"嗯……嗯"、"这个……那个"或者"然后……然后……"之类的口头禅;有的孩子说话时喜欢摆弄自己的衣角或者边说话边玩手里的东西;有的孩子说话时眼睛看着地面,好像不敢正视对方;还有的孩子喜欢做一些如咬手指、抠鼻孔等不文明的小动作。这些"小毛病"虽都算不上大问题,却不太雅观,而且在特定情况下有些"小毛病"会影响孩子的前途。

孩子的"小毛病"大部分是从说话和行为方面表现出来的,因此要纠正孩子的小毛病就必须先及时纠正孩子不良的说话习惯。由于孩子的思维能力及口头表达能力还存在着一定的不足，所以，在说话时出现因为思考而停顿的情况在所难免。但是，家长不能因为孩子需要思考而一直允许孩子用这种方式来表达自己的思想。可以建议孩子在说话前先思考好一个大体的思路再开始说话，一两句话如此，一段话更是如此。要先思考再发言。不能因为没有思考好就开口，而影响了整个语言的逻辑性和连贯性。

其次，要纠正孩子不良的行为习惯，由于一般的孩子在见陌生人时有一种胆怯感，所以，在与陌生人说话时，就难免有一些怕出丑、害羞的感觉，这是一种正常现象。针对这种现象，家长就应当注意多给孩子、多为孩子创造一些与外人、与陌生人接触的机会，而且抓住这些机会鼓励孩子多与陌生人交流，在交流中学会交流。如果孩子在与陌生人说话时有摆弄衣角的习惯，家长就可以轻声地提醒一下孩子"注意不要有小动作"；如果孩子在与陌生人说话时，眼睛不敢正视对方，那么父母就应当提醒。

而且家长还要给孩子做出良好的榜样，孩子的行为往往都是在家长行为潜移默化的影响下逐步形成的，所以，如果孩子在日常生活中有这些"小动作"或者"小毛病"，那么家长就应当先审视一下自己在日常生活中是否也存在这些小毛病或小问题。如果有，家长则应当从自身做起，纠正这些小动作，克服这些小毛病。只有这样，才能真正教育孩子克服这些小毛病和小问题。

家长用什么态度对待孩子的小"不是"，这不是一件小事，会对孩子产生深刻的影响。如何看待孩子无意中犯的一些小错误，对这些小错误家长应该以何种态度处理，这其实是家庭教育的大问题。

就像割伤了皮肤自然会感到痛一样，孩子犯了一些小错误或闯了祸，不用你说，他也会感到不好意思，感到内疚和痛苦。家长这时如果不顾及孩子的心理，再板起面孔说一些教训的话，说一些早已说过的提醒的话，只会让他觉得丢面子，觉得烦。他为了维护自己的尊严，为了表达对你唠叨的不满，可能会故意顶嘴或做出满不在乎的样子。

如果生怕孩子有什么考虑不周，家长就全部替他考虑了，并一点不落地盯着他做，从长远来看，这是帮孩子的倒忙。凡事应该让他自己去考虑、去做，多犯一些错误才能慢慢学会把事做好。

"脾气不好"在家长身上可能只是个小毛病，可它给孩子带来的却是个大恶果，会让孩子的"小毛病"变成一个痼疾，或变得脾气暴躁，自卑固执，或是屡教不改，一错再错。

"犯错误"是孩子成长中的必修课，只有修够一定"课时"，他才能真正获得举一反三、自我反思、自我完善的能力。家长要理解"过失"的价值，在孩子成长中，他的"过失"与"成就"同样具有正面的教育意义。

面对孩子的失误，家长可以换一种批评方式，把一件不好的事、本该生气的事化解为一句玩笑，既让孩子知道他哪里错了，又不损害他的自尊心，还暗含了对他的理解，甚至隐藏着对他某种才能的褒奖。这样的批评，孩子比较爱听。

凡由于经验不足或心不在焉的过错，只要不涉及道德问题，家长都不必指责或发火，甚至不需要提出来。孩子自己会在这种过程中感受不便和损失，他会知道以后该如何做。

孩子的毛病大多是家长制造的

我们还会遇到一些有其他语言障碍的孩子，例如，他们不能正确发R、K和S等辅音，所有这些语言障碍都是可以矫治的。值得思考的是，仍有许多成年人口吃、咬舌，或者吐字不清。

绝大多数孩子随着年龄增长，口吃会逐渐消失。只有一小部分孩子需要接受治疗。治疗过程的困难，可以从一个13岁男孩的案例中得到说明。这个男孩在8岁的时候开始接受治疗。治疗持续了七八个月都没有成功。后来家人又为他请了一名医生，治疗效果不太理想；之后又到专门机构去治疗，治疗结果还不是很理想；又转入另一个语言教育家那里治疗，情况并没有好转，反而逐步加重。最后又请了一名医生，同样没有效果。

医生和教师们都不知道是什么原因造成小男孩的口吃反复发作，后来他们了解到，小男孩一直对法语和地理的学习感到困难，考试的时候，小男孩非常紧张。但是他特别喜欢生物和体育竞赛。小男孩在小伙伴中也有领导者的特质，很多小朋友认为他还是很优秀的。

后来医生们又了解到了这个孩子的家庭环境，发现他的爸爸是一个商人，性格暴躁粗鲁，每当小男孩发生口吃的现象，他就严厉斥责他，而这个男孩的妈妈，一直忙着照顾弟弟，对他的关心非常少，经常约束他做这做那，很少给他自由时间让他做自己想做的事情，这个男孩虽然嘴上不说，但是心里有点怨恨他的父母。

基于这些事实，医生和老师们都提出这样的解释：他的口吃来自家庭的压力，一旦他和父母接触或者和学校里不熟知的人交往，口吃就会严重，而和自己喜欢的孩子在一起玩耍时，这种现象就不会出现，他口吃的

原因全部来自环境，在他自己觉得比自己强的人面前，他有强烈的自卑感，因而他的口吃就会不断发作。在家里，他得不到应有的温暖，当父母和他说话的时候他一紧张加上不开心就会结结巴巴。

后来医生和教师们还发现，这个男孩到8岁时还在尿床。尿床症状通常发生在先是被溺爱和宠爱，之后这种爱被剥夺的孩子身上。其实和前面我们说到的是一样的，尿床是一个信号，它表明他甚至在夜间也在争夺母亲的关注，这表明男孩无法接受被冷落的境遇，他的尿床就是在提醒家人：你们应该多给予我一些关注。

其实这个男孩的口吃是可以治好的，只要我们鼓励他，教育他独立，我们还可以让他做一些他能够完成的任务，使他能在完成这些任务的过程中树立自信心。而且这个男孩承认，弟弟的出生令他不快，这时，家人一定要让他知道：他的嫉妒已经让他走上了错误的轨道，不能再这样下去了。

当口吃者激动的时候，情况又会怎样？不知道大家会不会注意到这样一个现象：很多口吃者在发火骂人的时候，便丝毫不会口吃。年长一点的口吃者在背诵和恋爱的时候，通常也不会口吃。这个事实让我们认识到，口吃者与他人的关系是他口吃的关键因素。也就是说，当口吃者必须与别人接触，建立关系，并必须借助语言来表达这种关系的时候，他的紧张就会增加，口吃就会减轻或者消失。

如果一个孩子在学习说话的时候没有遇到任何困难，就没有人对他这方面的能力产生任何疑问。当他存在这方面的问题时，他很可能会成为家里谈论的中心，成为众人关注的焦点。家庭会特别为这个孩子操心，因此，这自然也引起孩子太过关注自己说的话，他越是想控制自己的表达，结果可能就越相反。有一个千足动物的例子，当它被另一只动物关注的时候，他被称赞长有千足，别的动物都夸赞他，它甚至还会被问到："你走路的时候先迈哪只脚呢？"于是千足动物开始注意自己的走路方式，它的脚太多了，它也不知道先迈哪个，最终它连路都不会走了。

巴尔扎克还有一个经典的寓言故事：两个商人都想尽力占对方的便宜，于是，在相互讨价还价的时候，其中一个商人开始装口吃，说话结结巴巴。他的对手惊奇地发现，对方想通过口吃来赢得计算盈利的时间吧？于是他马上就找到了对策，他突然装作耳聋，似乎什么都听不见。由于装口吃者不得不努力让对方听明白，因而便处于了劣势。这样双方就扯平了。

在对待口吃孩子的问题上，我们应该给予关注，但不是像犯人一样的关注，我们应该鼓励和给予适当的方法，有时候家长一步错会造成孩子终身的错，尽管他们有时利用这种口吃的习惯来争取时间，或让人等他们把话说完。我们还是要鼓励他们，或让人等他们把话说完，我们还是要友好对待他们，只有通过友好的启发和增强他们的勇气，才能彻底让孩子改掉口吃以及别的毛病。

第五章
自卑了,哪里说理

Crack Child's psychological password

破解孩子的心理密码

　　大多数体弱、残疾和丑陋的儿童都有一种强烈的自卑感，这种自卑感通常表现于两种极端的行为方式之中。他们说话时，要么退缩胆怯，要么咄咄逼人。这两种表现表面上互不关联，实际上却同出一源。他们或是说话太多，或是太少，但都是为了追求他人的承认和认可。他们的社会情感很弱，这是因为他们对生活不抱希望，认为自己实际上也没有能力为社会作出贡献，或是因为他们把自己的社会情感用来服务于个人。他们希望成为领导者、英雄人物，永为世人瞩目。

完美家长易教出自卑儿童

作为家长，我们都知道，自卑是一种不健康的心理、一种人格缺陷。它过多地否定和贬低自己，抬高别人，从而影响了对自己正确、客观的判断，不能客观地、正确地看待自己和周围的人和事，可是我们不知道，完美、优秀的父母往往会带出自卑的孩子。

过度自卑的孩子往往敏感多疑、胆怯懦弱、孤僻内向等。自卑往往源于孩子的幼年时期。它会对人的一生产生消极的影响，长期生活在自卑阴影中的孩子，会背上沉重的心理包袱，甚至一生都被自卑所困扰，影响了自己的发展前途。

1. 经常数落孩子是形成孩子自卑的温床

有的家长对孩子的要求之所以太高，是因为他们小时候也很优秀，在赏识教育普及的今天，仍有不少家长喜欢批评孩子，或者说批评多于表扬，或说批评与年龄成正比。孩子越大，家长越挑剔，他们早就忘记了孩子学走路时的赏识心态。处于幼儿期的孩子，由于心智发育不成熟，还没有自我评价意识和自我认知能力，他们对自己的认识和判断，往往来源于成人的判断。我们经常听到家长们说："你看你，连最简单的道理都不懂！""真是笨死了！这么简单的画都画不好！""真没出息，脑子用来

做什么的？"这些语言是一种负面的暗示，说多了，在孩子的心里就会刻下"我不行，我没有能力"的印痕。每当尝试什么事情的时候，最先想到的是："是的，我可能不行，还是不去做了吧。"

2. 家长过高的期望导致孩子自卑

在一些高素质、高学历的家长中，家长由于自己事业有成或本身性格要强等原因，对孩子的期望也比一般家长高。可谓高起点的家庭希望孩子也有高起点，获取高成就。这样的家庭，即使父母很少批评孩子，也会从言谈举止中向孩子传递着高期望的信息。然而孩子并不是父母的翻版，他有自己的智力特点、个性特征、兴趣爱好等。

有些家长也喜欢鼓励孩子，但由于鼓励中本来就带有强烈的期望倾向，在不断鼓励中，孩子的压力相当大，潜移默化的影响让孩子学会在无意中追求完美，苛求自己，给自己定高标准。一旦达不到家长或自己的要求，则把失败归咎于自己，认为自己努力不够、能力不行，产生了处处不如人的自卑感。

3. 有打骂的家庭容易导致孩子自卑

还有很多从小就对孩子施行家庭暴力的家庭，如果孩子达不到他们的要求便会打骂，或者用别的方法让孩子屈服。在这样的高压政策下，最容易让孩子产生自卑心理。虽然家长的期望是越高越好，但当超出了孩子的实际水平，无论怎么努力也达不到家长预定的目标时，他只能体验着一次次的失败和挫折，孩子还能自信么？

4. 爱纵向对比容易让孩子产生自卑

对于家长的过高要求，孩子最不能容忍的就是总拿他和别的孩子比了，有的家长一拿到孩子的成绩，不想孩子是进步还是退步，就一味说："你看，别人都考了98分，你怎么才只有92分？"有的家长不仅在孩子面前说，更是有过之而无不及，"你看，姑姑家的孩子比你听话，也比你努力，你什么时候才能像人家一样呢？"……孩子在回答"最烦父母做什么事"时，排在前三名的是：叨唠、批评、拿自己与别人比较。家长以为比较了才能给孩子树立榜样，刺激孩子上进，开动他学习的马达。实际上，拿孩子与他人比，只能让孩子产生自卑和抵触情绪。因为，孩子都有一颗积极向上的心，他不是不想努力，而是因各种原因达不到你所期望的目标。拿别人的优势对比孩子的弱点，不仅让孩子自惭形秽，抬不起头，也极大地伤了他的自尊心。当这样的比较多了，孩子听麻木了，自尊也没了，自然不会求上进了。

自卑就这样在不知不觉中像计算机病毒一样渐渐占领了孩子的心灵，挤占了原本自信的空间。要让孩子从自卑的阴影中走出来，家长除了要降低自己的标准之外，还要多赏识赞扬，少批评指责。孩子的心就如同玻璃，很容易受伤，谁也不喜欢总是受家长的数落、指责。有的孩子在有压力的环境下会成长，但更多孩子还是需要家长的鼓励的，如果我们一味对孩子唱黑脸，那孩子回报我们的也将是"黑脸"。

家长都很重视分数，典型的重视结果而不重视过程。因为孩子的发展潜力还很大，一时的退步不等于以后不进步，也许孩子的起点比较低，但能说终点站他一定落后于别人吗？所以，家长要从长计议，不要把目光锁定在眼前，只要孩子尽力了，就得理解和宽容。不要期望值太高，去追求完美无缺，孩子不可能样样出色。

| 破解孩子的心理密码　　Crack Child's psychological password

孩子的自卑与动手能力、交际能力差很有关系。有的家长因为追求完美就对孩子的所有事情都包办，一切替孩子做好。尤其是隔代抚养中，孩子容易被祖辈溺爱。不要嫌孩子手脚不灵活、动作慢。因为孩子的动作协调能力还不够好，从不熟练到熟练是必然的过程。该让孩子做的要放手让他做，让他独立完成一些力所能及的事。

目标过于高远会引起自卑

为什么有的孩子会变得越来越自卑？一个重要原因是家长以完美主义的态度过高地要求孩子。在我们每个人的身上，自卑感和追求优越感是密切相关的，他们之所以追求优越，就是因为他们感到自卑或者曾经感到自卑，想用自己的一番成就来克服自己的自卑，但是当这种追求优越达不到自己的要求时，追求优越便成了自卑的根源。

过高要求自己的孩子，会使他们时时刻刻被包围在批评乃至埋怨之中。长此以往，孩子们的自信便会丧失殆尽，从而导致他们在做每一件事前都会在潜意识中对自己做出诸如"我不行"，"我笨"，"别人就是不喜欢我"等的否定。而要帮助孩子摆脱自卑的阴影，家长首先应改变自己对孩子的态度，以此重树孩子的自信心，让孩子懂得自我肯定。

在教育孩子的过程中，家长和教师经常犯的一个严重的错误就是，对孩子做出偏离他实际年龄的判断，这种判断不仅对孩子现在的状况没有任何改变，还会加重孩子的怯懦。有的家长由于自己过于追求完美就给孩子提了很多的要求和标准，当孩子达不到的时候就耻笑和羞辱他。千万不要认为，我们通过贬损或羞辱可以改变孩子的行为。我们可以通过下面的案例来看看这种做法是多么无效。

曾经有一个小男孩，因为不会游泳而遭到周围小伙伴的嘲笑，终于，他忍无可忍，从跳板跳入深水中，人们费了很大劲才把他救上来。情况往往就是这样，一个怯懦者在面临失去尊严的危险时，他通常会为掩盖自己的怯懦铤而走险，这个时候他的所作所为当然都是不正确的。显然，用这种方法来掩盖怯懦是懦夫的行径，有害而无益。他真正的怯懦在于这样一

个事实：他害怕承认他不会游泳，因为他觉得那样他将会失去一些朋友。他不顾一切的一跳并没有改变他怯懦的性格，而是反映了他不敢面对现实的怯懦心理。

当孩子有缺点的时候，家长有没有想到，自己的童年是什么样的，那个时候我们的父母也是那样对待我们的吗？所以一定要适当降低对孩子的要求。假如孩子画了一匹马，那么你最好不要过多地挑剔这里不好、那里不像，而应发现孩子的每一成功之处，并做出由衷的赞赏："看，这马尾巴画得真好呀，好像是在风中飘舞一样！"或者"你为马涂的颜色真漂亮！我敢说这可是世界上跑得最快的马儿！"

家长在鼓励孩子时，对孩子的赞赏应该是诚恳的，而不是应付的、客套的，更不应该是虚伪的、做作的。为了实现这样的目标，家长须在思想方法上做出调整，在表述上讲究艺术。

不要给孩子太高的要求，家长应该始终就要有这样一个观念：帮助孩子从自己的行为中获得满足和动力。我们应该让孩子懂得：做该做的事，并且把它做好，这本身就是成功，也是对自己最好的肯定。

在鼓励孩子时，措辞也显得尤为重要，家长把对孩子的表扬变成孩子的自我肯定，这样孩子就能更充分地认识到自己的作为是正确的，也会树立起自信。例如："你今天用积木盖起了这么高的大楼，我真为你感到自豪！"可改为："你今天用积木盖起了这么高的大楼，你一定为自己感到自豪吧！"

家长可以对自卑的孩子多做表扬，但其他人却不一定能完全做到这一点。他们或许会"实话实说"，甚至讽刺挖苦。此外，孩子不可能永远依赖别人的评语，而迟早要依靠自己内心的动力前进。有些孩子完全依赖成年人的赞许，以至于连怎样认可自己都不知道了。这样的孩子长大了，如果成了个球员，那就可能在比赛时每打出一个球就会回头看看教练的脸色，这样自然他就难以成为一个成熟的球员。

有的家长在孩子做错事的时候不分青红皂白先来一顿批评，这样会让孩子感觉到没有方向感了，此时家长应引导孩子正确对待别人的批评，即承认错误并进行改正。当孩子主动承认了错误时，你完全可以告诉他："你这样做很不容易，因为这可需要很大的勇气，你可以对自己说你做了一件了不起的事。"

有自卑情结的孩子，他肯定自我的能力是非常弱的，他不相信自己有一天也会变得很优秀，他的被肯定需要得到外界不断的强化。强化孩子自我肯定的方法很多。例如：可让孩子为自己记一本"功劳簿"，让孩子每周花几分钟时间写出（或画出）自己的"功劳"。并告诉孩子，所谓"功劳"，并不一定非得是了不起的成就，任何小小的进步以及为这种进步所做出的任何小小的努力，都有资格记载入册；也可为孩子准备一些小小的奖品（如画片、玩具、小人书等）。每当孩子做出了一点成绩，或一件令他自己感到自豪的事，他就有可能获奖；你还可以教孩子学会以"自言自语"的方法不断对自己作出赞扬。当孩子遇到困难正踌躇畏缩时，你不妨鼓励他自己对自己进行鼓劲："来吧，小朋友，你可是一个不怕失败的好孩子，再做一次努力吧！"

家长在肯定孩子的同时也要有一个度，孩子也是有智商和有思想的，家长表现出来的真诚会让孩子的自信心得到很大的提升。相反，如果我们对自己的孩子说："我觉得你可以把一架飞机设计出来哦。"岂不是自己在造假的同时让孩子也觉得尴尬？

冷漠容易让孩子产生自卑

《圣经》里有个叫约拿的人，据说上帝要他到尼尼维城去传话，这本是一项神圣的使命和崇高的荣誉，也是约拿平素所向往的，可是当理想即将成为现实时，他却产生了畏惧，害怕自己不行，就想回避即将到来的胜利。这种在胜利面前的畏惧心理被心理学家称为"约拿情结"。

"不是害怕胜利，而是讨厌胜利。"我认识的一个学生竟然在经过了很多自己放弃的事情后告诉我了这样一个奇怪的心理。这是因为他在初中之前，家长都是对他生活上的事情特别关心，一直会满足他生活上的要求，然而，初中之后，家长只是关心他学习好不好，而从不问他生活上的事情，如和同学相处好不好、心情好不好等。为了让家长高兴、不责怪自己，他也一度在学校取得很好的成绩。不过在心里他对家长却有怨恨，抱怨自己的家长为什么不能像别的孩子的家长一样对他在生活上问寒问暖。为什么他和家长在一起唯一的话题就是学习成绩。按照这个孩子的成绩，他本来能上一个很不错的大学，但是他高考时却突然高烧不止，这让所有的人为之惋惜。而考试一过，烧就自然退了。可想而知，这次考试一败涂地。

这个孩子的家长对他生活的关心态度冷漠，对他学习效果过度关心，说到底就是一种"冷暴力"，这严重影响亲子关系，让他潜意识里对家长产生愤怒和报复情绪。所以当可能发生他做得好可以让家长觉得有面子的事情时，他就有可能退缩，这就是因为家庭的冷暴力。

如果孩子不管做什么，家长都冷漠对待，或者只关注孩子的学习，对其内心世界不管不问。这样的冷暴力对孩子的伤害其实更深，甚至在很多年后都很难消除。一个事业上小有成就的女人曾经跟我说过一个她自己的故事：在她14岁的时候，父母曾经因为她是去读护校还是上高中的问题发生

过分歧,母亲赞成她继续读高中,父亲的意思是女孩子读个护校就可以了。后来女孩还是根据自己的心愿和母亲的建议读了高中。有一次她成绩不好,回到家,父亲直截了当对她说:"我觉得你还是不适合读高中,这样下去估计你也考不上大学。"从那以后父亲不再管女儿的学习,而是在生活上对她关怀备至,但是女儿的心里非常难受,她觉得父亲这样就是对她前途无望的一种默认,于是她在学习上更加没有信心,成绩越来越差。好在她勉强上了个大学,读了自己喜欢的专业,并且工作也和专业比较贴近,她取得了一些成就,但是她对自己的学习生涯记得最清楚的还是父亲对她的冷暴力那段记忆。

  有些人在小时候,由于自身条件、能力有限,很容易产生"我不行"等消极念头,假如周围环境没有提供足够的平安感和成长机会,这些念头可能一直存在,甚至影响一生,尤其当接近成功时,恐惧心理更明显。而一些家长在教育孩子的过程中,不自觉地就会采取"冷暴力"的交流方式:有的对孩子态度冷漠,经常爱搭不理;有的对孩子期望过高,经常把

孩子批评得一无是处。

不论是哪种家庭冷暴力，都可能影响孩子的性格、心理和人格发展。对孩子态度亲近、温暖，在允许的范围内给他充分自由，这种交流方式，对亲子关系最好，对孩子生长也最有利；反之，对孩子态度冷漠，又控制严厉，就最糟糕不过了。

显然，杜绝家庭冷暴力，关键是看家长在教育子女过程中，怎么掌握好控制和放任、温暖和冷漠这两种"度"。中国人比较含蓄，很少开口说爱，多是以期望的方式传达爱意、影响孩子。这种方式不是不好，如果期望合理，也可以让孩子感受到家长的关心、获得必要的自由，但前提要看这是什么样的期望。首先，家长的期望要适合孩子的发展水平，不能不切实际；其次，期望要全面一点，不能只关注孩子的智力，要多一些社会性目标，例如，期望孩子成为一个善良的人、正直的人或善于和人相处的人等。

孩子怯懦了，我们来帮

　　本来安妮是个很有主见的孩子，不过最近她的妈妈发现，安妮在幼儿园时，总是听别人的话。例如，她正玩得挺好的玩具，当别的孩子想玩，让她让开，她就很顺从地让开了，有时还会挨小朋友的打。挨打以后，也没有任何反抗行为。妈妈为此很焦虑。

　　安妮的妈妈觉得焦虑的原因是安妮平时在家很任性，想干什么，就非干什么不可。例如，当时想吃什么就一定要吃到，如果不满足要求，她就哭个没完没了，直到妈妈打一顿才会服气。不管做什么事，如果妈妈不打是不管事的。用妈妈的话说，就是因为她的任性所以在家经常挨打。后来安妮的妈妈说，她平时觉得孩子烦的时候就拿她出气，孩子的父亲经常出差，孩子在家里经常表现得无法无天，为什么到了学校却变得胆小怯懦？

　　孩子"怯懦"的表现为胆怯，依赖性强，优柔寡断，稍遇困难就退缩，不能表达自己的爱好和愿望，参加活动的积极性、主动性差，不能充分

发挥自己的才智去认识和探索事物。造成孩子"怯懦"的原因主要是因为现在很多家长都盲目地为孩子规划未来，使孩子自己的行为得不到肯定。中国家庭的很多孩子都是家长包办学习的产物，很多时候明明是孩子不想学的课程，但是家长为了面子就让自己的孩子也去学习一些本来孩子不喜欢的课程，从而限制了孩子的发展，也造成孩子胆小退缩的性格。

还有这样的一类孩子：他们性格内向，不爱与人交往，给人的感觉是不好相处、清高等，久而久之便失去了游戏的伙伴，失去了爽朗的笑声。还有一种孩子由于生理上有点儿缺陷，像口吃、斗鸡眼等，总害怕别人会取笑自己，就干脆采取躲避的方法。在课间，他们有时很想讲故事给同伴听，但怕被取笑，就放下了本想举起的小手；有时很想参加游戏，但怕被取笑，就选择了在一边观看。

正是因为家长的包办和孩子自身的一些原因，才让许多孩子在勇敢的道路上停滞不前。很多家长会问：这样的孩子如何教？其实家长还是主要原因。首先，家长要做好表率。父亲如果在日常交际中畏首畏尾、比较怯弱的话，孩子对父亲平常的表现也会记在心里。因为孩子的模仿能力是很强的，他马上就能仿效父亲的做法，在与人交往中比较被动。所以，要想让孩子摆脱怯弱，家长自己首先就应该做好表率。

另外，很多孩子是由于天生就胆怯。家长要多带孩子参加各种游戏和体育活动。游戏能让孩子有更多机会接触小伙伴，习惯与他人的互动行为，这样能在不知不觉中弱化孩子的怯弱心理。家长应该明白，一个孩子不敢与人交往，很大程度上不是不愿意交往，而是因为不熟悉。通过游戏让孩子熟悉这种交往形式后，就能慢慢锻炼孩子的胆量，接纳更多的伙伴，全身心投入游戏当中。

最后，给孩子更多尝试的机会。很多家长认为孩子有很多事情都不会做，与其让他犯错误还不如自己代劳。其实，这是一种很错误的想法。不让孩子自己去尝试，孩子永远迈不出这一步。当孩子不得不自己面对的时候，发现自己完全没有相应的能力，从而产生沮丧和怯弱的心理。只有在日常生活中让孩子自己做力所能及的事情，尽可能地给孩子更多尝试失败、尝试成功的机会。抗挫折能力提高之后，孩子对自身能力的恐惧感就会减少。

对"怯懦"孩子的教育引导是长期的、反复的，家长一定要有耐心，同时要善于发现孩子反复过程中的点滴进步，以爱为基础，坚持一贯的教育引导，改变孩子的"怯懦"心理。

让孩子勇于"照镜子"

人类的自我意识是从什么时候开始出现的？心理学家做了这样的实验：婴儿熟睡时，往他的鼻子上抹上胭脂，当婴儿醒来后，让他照镜子，结果发现：有些15个月大的婴儿会看着镜子，摸自己抹了胭脂的鼻子，但大部分婴儿要在21个月以后才出现这种行为。

美国社会心理学家库利在实验的基础上提出了"镜像自我"理论。他认为每个人对自己的意识是在与他人交往过程中，根据他人对自己的看法和评价而发展起来的，这个过程在人的一生中一直进行着。库利将之形象地比喻为：将他人看作一面镜子，从这面镜子中可以照出我们自己的样子，而我们从镜子中看到的那个样子就构成了我们的自我。

心理研究认为，孩子从3岁开始，自我意识的发展就从生理层面进入社会层面，他们开始从外貌、性格、人际交往等方面认识和评价自己。这个过程中，怎样让孩子形成正确的自我意识是每个家长和教师必须注意的问题。

1. 对待孩子的态度和行为要一致

我们经常会遇到这样的场景：在孩子表现得特别好的时候，我们会对他大加赞赏，当孩子表现得不好时，就会训斥他："你怎么这么笨呀！"有一次查理就被家长这样对待，然后他就反驳他的爸爸说："爸爸，你昨天还夸我很聪明，现在又说我笨，到底我是聪明还是笨啊？"

学龄前的孩子处于自我意识萌芽阶段，最容易受到他人评价的影响，家长很自然地成为"第一面镜子"，映照出孩子的很多个第一次。作为重要的"第一面镜子"，家长不仅要积极正面地评价孩子，还要注意评价的一致性。如果家长的评价前后差异很大，或者家人之间对孩子的评价分歧很大，孩子便很难形成对自己的正确认识。在众多自相矛盾的"镜像"面前，孩子会茫然，不知道真实的自己到底是什么样子，家长当然可以指出孩子的优势和弱势，但是在评价的时候一定要注意言语适当。

2. 教会孩子学着正视自己

南希在学校一直被老师夸奖手工做得又快又好，一天吃过晚饭后，南希嚷着帮妈妈收拾碗筷，妈妈一想她只是个6岁的孩子，于是说："手工做得好，收拾碗筷可不一定能做好。"南希一听就生气了，非要收拾，笨手笨脚地弄了半天后，妈妈问他："你觉得你做得好吗？"南希摇了摇头。妈妈又说："所以，你还有很多不懂不会的需要学习。"南希认真地点了点头。

孩子的有些缺点就像是"鼻子上的红点"一样，别人看得很清楚，孩子自己却不知道。家长要在合适的时候帮助孩子正视自己的问题，并帮他及时地擦掉。孩子能够逐渐正视自己，就会拥有积极的成长动力。因为他已经成为了自己的镜子，他知道如何让自己变得更好。

3. 教会孩子认清自己

简在入学前情绪还比较稳定，但就在她上小学后，家长发现她有了一些改变：不管她干什么事情，如果不及时表扬她，或者表扬得不到位，她的情绪就会一落千丈。原来，学校搞所谓的"成功教育"，老师害怕伤害学生的自尊心，有时候会夸大其词地表扬学生。相反，另外一个叫布洛的小男孩情绪却越来越失落，在幼儿园总是沉默寡言，回到家里也很少说话。原来，因为他说话比较慢，有时还结巴，而且长得胖乎乎的，小朋友常常笑话他，说他是"笨球"。于是布洛越来越自卑，在学校变得沉默寡言。

周围人对孩子言过其实的表扬或过分的指责，就仿佛照"哈哈镜"，会使孩子形成不切实际的自我认识。时间长了，就失去了基本的辨别是非的能力和正确的自我意识。家长可以带孩子去玩哈哈镜，观察镜中自己各种变形扭曲的形象，借机向孩子解释，别人对他的评价，有时就像照哈哈镜一样，并不是真实的自己。平时，要鼓励孩子参加各种各样的活动，多跟小朋友玩耍。在这个过程中，孩子会发现自己的优势，也会发现自己与

别人的不同。

让不同角度的镜子见证孩子的成长，这将成为孩子一生的财富。孩子无论在各个阶段都需要有一面镜子，让他看到自己的成长，家长要做的就是在孩子需要镜子的时候及时让他找到。

爱他，就给他归属感

8岁的杰西卡有个习惯，她在吃晚饭的时候一定要看电视。当妈妈终于忍无可忍地拔掉电视机插头时，小丫头竟然不假思索地骂出了脏话；八年级的贾德因为行为不端且屡教不改，面临被学校开除的危险。而他所做的一切，包括将房间涂成黑色，在脸上多处刺洞，似乎都是在向父母宣告："我不属于你们的世界，也不想让你们出现在我的世界里。"这样叛逆的孩子在现代社会中经常出现。孩子再长大一点，麻烦就更多了，他们会进一步跟家长顶嘴，对家庭不满意了还会离家出走，甚至在社会上和一些不三不四的人混在一起。

其实在现代社会，这些问题都很常见，值得深思。而造成上述现象的原因其实也很简单：由于家长工作繁忙，孩子从小只能在电视机前和网络聊天室里长大；所谓的专家提供的育儿经验自相矛盾；周末聚餐等家庭传统也消失了……

有个心理学家把孩子的这种心理叫做"第二家庭"，当孩子不喜欢现在的家庭时，他就会在心里找一个属于他自己生存的环境，这就是"第二家庭"。如果孩子在自己的家里得不到温暖，他们就只能在自己建立起来的"第二家庭"中寻找安慰，"这是一个巨大的朋友网络，其中的人有着一致的想法及行为，他们都对上学没有兴趣，对家长不屑一顾"。

第五章 自卑了，哪里说理

　　自从有了"青春期"这个概念以来，孩子向家长摔门和自称得不到理解便成了家常便饭。孩子之所以这样做，其实是因为他们内心渴望得到没有被给予的东西——"舒适感、归属感、规矩、传统和诚实的反馈"。一名13岁的孩子曾对自己的叛逆有这样的解释。

　　在这种情况下，家长与孩子之间的交流是维系家庭的最重要因素。要多放些心思在家里，不要因为疏忽把孩子逼得"自组家庭"。心理学中有这样一个观点：如果找不到归属感，无论孩子还是家长，都会一直去制造麻烦，没有一个好的家庭环境，一个人就永远无法安静。这样不仅伤害自己，也伤害别人。

　　格雷西第一次去见心理医生，居然是为了哥哥的儿子。她和她丈夫从城东开车到城北，堵车2小时后，又在偌大的清华校园里转了半小时，才找到了心理咨询中心，见到好友介绍的专家——一位擅长青少年心理咨询

与家庭治疗的心理学博士。听格雷西诉说完关于15岁少年的种种"劣迹"后，专家表情冷静："这孩子即使把天捅漏了，都是正常的。先不要指责孩子，想想家长有什么问题？"

家长的问题？自从孩子的父亲离婚后，他就被奶奶爷爷接管过来。在成长的关键时刻，家长是缺席的，孩子没有得到他们足够的陪伴与关怀。爷爷奶奶在孩子"闹事"的时候，经常会对孩子说："再不听话，就把你送走！"隔辈人的管教总是不得要领。而格雷西呢，她很爱自己的侄子，但她毕竟不是他的母亲，在工作忙碌的时候，她做不到持续地关注他。

"这个孩子最大的问题是没有归属感。"专家很理性地开始分析。格雷西数度落泪。家长忘记了孩子也需要心理上的安全与依附。于是，疏于被照顾的寂寞的孩子，被迫选择成为了一个麻烦的小孩。

心理学上讲，孩子刚出生时没有归属感，2岁左右谁照顾她（他）多，归属感就建立在谁的身上。青春期的孩子将归属感转移到朋友身上，最后会转移到一个异性身上，这就是爱情和婚姻。其实我们在生活中一直都在寻求归属感。员工需要归属感，婚姻需要归属感，文化需要归属感，也许有人终其一生也找不到归属感。于是，频繁地跳槽，轻易地离婚，无法融入社会，有很多人处于不安的状态。据调查，缺乏归属感还会增加一个人患抑郁症的危险。

我们知道，在动物的世界里，有很多动物如海龟、鲑鱼，是一定要回到出生地产卵的。千里洄游的返乡之旅可以说是出生入死，但无论多么艰难，它们也要回到出生的地方生育和死亡。也许这就是属于它们的归属感，和人类一样需要叶落归根。

回到格雷西的故事，她在咨询过心理专家后备感失落，但也终于明白孩子的根本问题在于"找到归属感"。再好的物质条件也满足不了他心中对爱与安全的渴求，所以能做的就是把孩子归还给他的父亲。格雷西固执地相信，男孩子必须要在父亲身边，那样，他才能学会怎么去做男人——有爱心有责任心的男人。

荒谬的"自卑与生俱来"

德国哲学家黑格尔说："自卑往往伴随着懈怠。"

自卑,除了消磨一个人的雄心、意志，使他自暴自弃、悲观泄气之外，恐怕不会有什么好作用。年轻人，生活、事业都还刚刚起步，征途还漫长着呢，即便起步时迟缓了一些，或走了点弯路，成绩一时不如人，也远不足以决定一个人的一生。好比一个优秀的长跑运动员，刚起跑时，比别人慢了一些，并不要紧，只要他攒足劲、加加油，照样可以赶上、超过前面的人，甚至可能拿金牌。当然，看到许多同龄人比自己强，毕竟是一件令人惭愧的事。因此冷静地反思一下造成自己落后的原因是必要的。

自卑，可以说是一种性格上的缺陷。表现为对自己的能力、品质评价过低，同时可伴有一些特殊的情绪体现，如害羞、不安、内疚、忧郁、失望等。

在探讨自卑情结时，经常有这种观点，即自卑情结是天生的。其实，每个孩子不管他多么勇敢，我们都有办法让他失去勇气、胆小怯懦，这也反驳了上述所谓自卑是与生俱来的观点。父母胆小怯懦，他的孩子也可能胆小怯懦。不过，这并不是因为遗传，而是因为他在充满怯懦的环境中长大。家庭环境和父母的性格特征对于孩子的成长和发展极为重要。那些在学校里落落寡欢的孩子经常来自那些与人交往甚少或没有交往的家庭。人们自然会首先想到性格的遗传，不过，这种观点站不住脚。一个人不能与别人建立交往关系，并不是由大脑或者器官的物质变化造成的。当然这方面的变化虽不一定产生这种性格特征，但有助于对它的理解。

一个最简单的案例可以帮助我们至少在理论上理解这种事情。一个小男孩生来就有器官缺陷，曾一度身染疾病，并忍受着病痛和身体虚弱的折磨。这种孩子沉溺于自我之中，认为周围世界是冷漠和充满敌意的。此外，一个虚弱的孩子必须依赖别人来减轻自己的生活负担，依赖别人全身心地照顾他。正是由于别人对他的照顾和保护，才使他产生了强烈的自卑感。所有的孩子都会由于他们和成人在体型和力量上的差异而产生一种相对的自卑感。如果孩子经常听到（事实经常如此），"应该看着孩子，而不是听孩子的"，那么，他这种相对于成人的自卑感很容易受到强化。

所有这些印象都促使孩子认为，他的确是处于一种弱势地位。他发现自己要比他人（成人）身材矮小、力量微弱，自然感到很不平衡。他越是强烈感到自己既小又弱，就越是努力追求多于别人、强于别人。这样，他追求别人的承认又多了一份额外的动力。不过，他并没有努力与周围的人和谐相处，却为自己定下了这样的处事原则——"只为自己着想"。落落寡欢的孩子就属于这一类。

因此，我们可以在一定程度上认为，大多数体弱、残疾和丑陋的孩子都有一种强烈的自卑感，这种自卑感通常表现于两种极端的行为方式之中。他们说话时，要么退缩胆怯，要么咄咄逼人。这两种表现表面上互不关联，实际上却同出一源。他们或是说话太多，或是太少，但都是为了追求他人的承认和认可。他们的社会情感很弱，这是因为他们对生活不抱希望，认为自己实际上也没有能力为社会作出贡献，或是因为他们把自己的社会情感用来服务于个人。他们希望成为领导者、英雄人物，永为世人瞩目。

告诉孩子，"你很棒"

如果一个孩子多年来一直沿着一个错误的方向发展，那么，我们就不可能期望仅仅通过一次谈话就可以改变他的生活方式。教育者要有耐心。如果一个孩子取得了进步，后来又出现了失败，这时就需要向他解释清楚，进步并不是一蹴而就的。这样的解释能够让他安心，不至于失去信心。如果一个孩子两年来数学成绩一直很糟糕，那么他不可能在两周内就把成绩给补上去。不过，能够补上去，这是毫无争议的。一个正常的、有勇气的孩子能够弥补一切。我们一再指出，孩子的能力欠缺是因为他的总体人格走上了错误的发展方向，因为他的总体人格偏离了常态，有所欠缺，陷入了困难的境地。帮助这些有行为问题的孩子，总是可能成功的，只要他们不是弱智。

孩子能力欠缺，或表面上的愚蠢、笨拙、冷漠并不是他弱智的充分证据。我们可以发现，弱智孩子的不正常总是伴有身体上的缺陷。因为影响

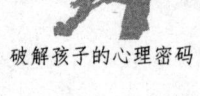

大脑发育、发展的体腺造成了身体上的缺陷。有时，这些身体上的缺陷会随着时间而消失，不过，当初身体上的缺陷仍会在心理上留下痕迹。换句话说，曾受身体缺陷之苦的孩子，即使在他们体质强壮以后，仍然会表现得相当虚弱。

我们甚至可以再深入一步。心理上的自卑感和自我中心不仅可能是因为器官缺陷和身体缺陷，而且很可能是与这些缺陷完全无关的环境造成的。例如，家长对孩子养育错误或缺乏慈爱，或管教太严。这种情况下，孩子会认为，生活就是一场苦难，因而对周围环境采取一种敌对的态度。由此产生的心理缺陷和由于身体缺陷引起的心理缺陷即使不是完全相同的，起码也是相似的。

可以想见，要治疗这些在无爱环境下成长的孩子，将会困难重重。他们会以看待那些曾伤害过他的人的方式来看待我们。促使他们上学的任何努力都会被其理解为对他们的压制。他们总是感到被束缚。只要力所能及，他们就会反抗。他们对于自己的伙伴也没有正确、恰当的态度，因为他们嫉妒那些曾拥有幸福童年的孩子。

这些心怀怨恨的孩子通常会有一种破坏和毒害别人生活的性格特征。他们缺乏应付环境的勇气。因此，便试图通过欺凌弱小，或大幅度提高对他们的友善来补偿其无力感。只有当别人接受他们的控制时，他们的友好态度才会维持下去。许多孩子在这方面走得太远，他们或者只和那些处境比较差的孩子交往，这正如有些成年人只和遭遇不幸的人交往一样；或者偏爱和那些年幼的、比他们弱的孩子交往。这种类型的男孩有时还乐于与那些非常温柔、顺从的女孩交往，这并不是因为异性的吸引力。

第六章
孩子在家庭中的地位

Crack Child's psychological password

破解孩子的心理密码

　　家庭内偶尔发生的失望与伤心，应使夫妻更加亲近彼此，并增加相爱之心。由于经历同样的苦乐悲欢，遭受同样的成败得失，他们的人生便十分坚强地联结，以使他们的性格融洽一致。这样看来，家庭中有了儿女，乃是未来幸福的有价值投资，同时也是一种最有趣味之人生经验。我曾经不止一次地见过起初不愿意要孩子的夫妇，在很多次被有孩子的家庭影响以后，改变了自己的想法，最终也有了属于自己的孩子。

没有孩子的家庭是不完善的

如果我们仔细观察孩子的行为就会发现，孩子也有团队合作的能力，他们虽然不是很会表达，但是他们会把自己和他人联系起来，并且想和别人一起完成一件事情。尤其是和家人在一起的时候，这种表现尤为强烈。

例如，很多孩子在去亲戚家的时候，总是试图和其他的伙伴马上融入到一起，他们觉得能得到其他伙伴的认可是一件很值得骄傲的事情。往往几个表兄弟姐妹在一起，肯定会有那么一两个不合群的，但是他们也会极力和别的孩子亲近。如果自己得不到认可，便会非常懊恼，有时候他们会跑到自己父母那里倾诉这个事实。不幸的是，再有这样的聚会的时候，他们肯定想尽办法躲避。

对于很多人来说，幼年时代最可爱的记忆之一，就是去拜望祖父祖母。在孩子们看来，他们是最有涵养、谅解及体贴的人。老人家对孙儿们也往往是乐于体谅及宽恕。他们久经风霜、饱经世故，有过许多辛酸苦辣的生活经验，所以对己对人就不再那么苛刻严厉。因此对于自己的孙儿们也往往特别放任，以致孩子的父母很难执行他们所认为必要的管教。

祖父祖母之所以宠爱自己的孙子辈和家庭的温暖程度是相关的。如果两代的隔膜本来就非常深，那么再加上第三代就更加麻烦，但是三代和谐的例子还是非常多。例如，如果问题在于外公外婆，做女婿的人自然而然

地会指责妻子,说是岳父岳母的过失;如果问题在于祖父祖母,媳妇也会告诉丈夫,说公婆干涉了她的儿女。不过大家在一起的时候,就会抛开所有的不快,把所有的精力都集中在孩子的身上,他们会围绕孩子的所有问题展开讨论。

孩子是维持家庭和谐的催化剂,有的夫妻感情变淡了,如果生了一个孩子,孩子的到来可以让夫妻的心融合在一起,共同为这个家付出自己的努力。不过孩子出生后的很多问题是年轻的父母以前从未遇到过的,但因为那是自己的孩子,再苦他们也都能扛下来。有的父母在孩子的问题上吃了很多苦,不过到最后还是会觉得所有的辛苦都是值得的。养孩子和我们的工作历程、人生历程都是一样的。人生真正的满足,是成功地解决其难题及应付其挑战。能使父母生活得更有意义,并使他们对待彼此及对待别人时更为得体。

父母在见到孩子生长之时,会油然想起自己的童年。他们可以有机会做一些自己幼年时所未能参加的事。他们的孩子可以实现许多自己当年的雄心宏愿，这是别无蹊径可循的。

家庭间偶尔发生的失望与伤心，应使夫妻更加彼此亲近，并增加相爱之心。由于经历同样的苦乐悲欢，遭受同样的成败得失，他们的人生便十分坚强地联结，以使他们的性格融洽一致。这样看来，家庭中有了儿女，乃是未来幸福的有价值投资，同时也是一种最有趣味之人生经验。我曾经不止一次地见过起初不愿意要孩子的夫妇，在多次被有孩子的家庭影响以后，改变了自己的想法，最终也有了属于自己的孩子。

组成群体不仅可以弥补单个动物作为个体所缺乏的能力，而且还使他们发现新的保护方法。这种方法可以改善它们的处境，使它们更为安全。例如，有些猴群会派出前路侦察，查看附近是否有敌人。它们通过这种方式汇聚集体力量，以弥补群体中每一个体力量的不足。我们也会发现，一个牛群会集结成圆形的防御圈，以抵御体形远大于自己的单个敌人的进攻。

给予孩子情感依赖

情感对人类的语言和思维能力起着重要的作用。语言和思维常被视为人的神圣的能力。如果一个人不顾及他生活的社会而试图解决自己的问题，或者使用只有他自己才能理解的语言，那么他的生活就会产生混乱。情感的出现是给人们一种安全感，而这种安全感是人生活的主要支撑。这种安全感也许和逻辑思考及真理所给予我们的信任不同，不过，它是这种信任的组成部分。

为什么数学计算能给所有人这样一种信任感，从而使得我们倾向于把只有能用数字表达的东西才视为真实和正确的？原因就是，数学能以一种

非常直观的方法把思想和结果传递给人们。情感也是这样。如果情感不能给人们足够的安全感和温暖,它就不会给人以信任感。

那些没有安全感的孩子一旦与别人接触或独立完成特定任务的时候,我们就可以发现他们在安全感方面的欠缺。他们的不安全感还会表现在对某些学科的学习上,特别是那些要求客观和逻辑思考的学科(如数学)。人们在童年时期的主要观念(道德感、伦理规则)通常都是以片面的方式接触的。对于那些注定要离群索居的人来说,伦理学说是不可理解的,也是毫无意义的。只有当我们考虑到社会和他人的权利时,道德观念才会出现,才有意义。不过,在审美感觉和艺术创作方面,要证实这个观点有点困难。即使在艺术王国,我们也会看到一种普遍的、一致的模式,其根源是我们对健康、力量和正确的社会发展等的理解。当然,艺术的界限弹性较大,艺术也为个体的兴趣爱好提供了更大的空间。不过,总的来说,艺术、美学也遵循着社会方向。

那么,如何确定一个孩子社会情感的发展程度呢?对于这样一个问题,我们的回答是,需要观察他特定的行为表现。例如,如果我们看到一个孩子追求优越性时不顾他人,总想突出自己,那么我们可以肯定,他比那些没有表现出此行为的人更缺乏社会情感。在当代的文化中,我们很难看到一个不想追求优越和卓越的孩子。正因为如此,个体的社会情感通常没有得到充分发展。对于人的这种状况(人的本性是以自我中心的,对自我的考虑要多于对他人的考虑),人类的批判者,即古今的道德家总是不断地加以抨击。这种批判总是以道德说教的形式出现,对孩子或成人毫无效果。因为仅仅靠道德说教很难取得效果,也不会改变什么。人们最终也这样安慰自己:其他人并不比我好到哪里去。

就孩子来说,我们最好在婴儿和儿童时期发展和促进他们的社会情感，因为他们这时最无助而且成长缓慢。很多孩子都是在家里很霸道，但是在学校却很胆小，原因可能就在这里。由于社会的激烈竞争，基本上孩子生下来以后都是交给爷爷奶奶，而爷爷奶奶通常都是比较溺爱自己的孙子或者孙女，不是很关注社会情感这一点。缺少父母陪伴的他们就在这个时期形成了成长缺失。一旦离开家人，胆子都变得很小，偶尔有的还会用哭声来寻求帮助。

孩子的地位能超过伴侣吗

　　孩子出生之前，一家人的生活主要是在夫妻两个人身上，两个人彼此相爱，有了孩子以后，家里就多了一个成员。很多年轻的女性就会在这个时候有一种矛盾的心理：孩子到来了以后，丈夫是第一位呢，还是孩子是第一位呢？很多女性在婚后有一段时间想要孩子却又担心孩子的出现会影响夫妇两人的感情。

　　做丈夫的也会觉得，他在妻子的心中永远应居第一位。可是他也应当明白，为要保持这个地位，他必须与妻子一样关注孩子，这样两人的爱情就会更加密切。如果他把照料孩子的责任全部交给妻子，自己对家务不闻

不问，那样，妻子在身心上都会过于疲劳，一面理家，一面又要照料丈夫，现在又加上照顾孩子的责任，就会因此产生婚姻不快乐的因素。

孩子往往会在父母之间选择一位做他最信任的人。他或许有些难题要请教父母，有时也许是他的天性喜欢和人谈谈心事。孩子很少会向父母两人同时求教的。他宁愿于父母两人之间，选取他所最亲近的一位。

如果他的尝试成功，这位便可能成为他的知己，以至于似乎对于父母中的一位有了一些偏爱的情形。这种情形不应使父母之间产生嫉妒。他们反当以此为高兴，因为孩子已在他们两人之间选了一位可推心置腹的人，这比他向别人去讨教好得多。

当然，未被孩子选为心腹的一位也应当自我检讨一番，看看孩子到底为何不愿与自己亲近。但无论如何，不可强迫孩子与自己谈心事，这是不聪明的。最好是自己与孩子单独相处之时试探他的心意，但如果孩子坚持不谈心事，做父母的人也不应该觉得自己受了排斥。他反而应当接受此项挑战，设法证实自己是个忠实可靠的朋友。

有些家庭孩子较多，如果家长对孩子偏爱，他们之间的关系往往就会紧张起来。孩子很快就会发现偏爱的凭据，却无力挽回。因此应当不时彼此警戒，不容有这类事情发生。偏爱的根源有时也许是由孩子出生之前的环境所引起的；有时也许是孩子有些什么特点，以至于家长对他比对别的孩子更加爱惜。

在为一个孩子做某些事之前，家长应当自问："我是否对别的孩子也做这件事，或与此相同的事呢？"如果答案是"否"，他就应当改变计划，以便能对其他的孩子一视同仁。偏爱，对孩子是有害的。不管是被优待的孩子，还是失宠的孩子，都会同受其害。那些在家被优待的孩子，到长大成人时，也许已因家长的娇纵，而凡事依赖家长，便对现实不善应付。而那素来失宠的孩子，也许会感到自己处处不及兄弟姊妹而自暴自弃。

对孩子有了偏心，也会使家长之间产生不良的关系。家长往往在儿女之间选取一位来加以宠爱，母亲所选的一位，多半是父亲所不爱的；父亲所爱的，也可能是母亲所不爱的。这种情形会在家长之间引起紧张的情绪，正如在孩子之间所引起的一样。当孩子们还在家之时，家长各以自己所爱的孩子为伴侣，以至于孩子离家之后，那在父母与子女之间所引起的仇视与反感，便很难消除，以至于夫妻不再以与对方为伴为乐。

有了孩子之后，夫妻之间常发生摩擦，这是因为他们对于养育儿女的方法，各人有不同的见解。这些意见的分歧往往可追溯到他们自己的幼年时代。父亲也许已见过人生的许多不幸方面，也许已从艰苦的经验中领教了许多的教训，因此觉得应当从严管束孩子的生活，禁止他们与外人来往，以避免那些无谓的烦恼。另一方面，母亲也许从小就困居闺中，因此常想要挣脱拘束，独立生活，并且很早就决定将来对于自己的儿女，不必施以烦琐限制。

这会使夫妻两人管教儿女时有不同态度，看来似乎情有可原，然而却很难和谐妥协，而孩子很快就知道可向家长中的哪一位讨得更大的自由。

家长若在儿女之前争辩他们不同的见解，此种情形尤其不幸。结果反使孩子以为家长既然不能统一管教的方针，倒不如他们自作决定好了。这么一来，他们便会反对所有的管教。而做父母的，见到孩子有毛病时，便会互相指责，即由对方管教不当所致。

教育孩子要有"性别对待"

　　从怀孕的那刻起，准妈妈便会对肚子里的孩子进行性别定位。如果是女儿就希望她"体贴可爱"，如果是儿子就期待他"聪明勇敢"。甚至在准备新生儿用品时，也会在颜色的挑选上陷入性别困惑。然而这一切只是家长传统思想的期望要求，并不代表孩子与生俱来的气质特征。要让孩子真正发挥才能与资质，家长得从最简单也最容易被视为理所当然的错误观念——"性别意识"中抽离，才能帮助孩子找到真正的自己。

　　我们的脑子里有太多的条条框框对孩子进行约束，我们觉得这样符合性别教育的标准，但其实这种标准有时候却欠妥，不过也不是说对待我们的孩子就要不分性别。关于孩子的性别教育问题，其实是可以用区别和综合的办法一起来对待的。

1．不分性别

　　如果家长太重视性别教育，就会让孩子减少很多自由选择的机会。相对地，用"不分性别"方式来教育孩子不但可让子女成为具备多种性向的人物，在情感的表达上也不会踌躇不决，且孩子自我满意度较高，也较为自信，社会适应能力也比较强。即使遇到问题，在处理的态度和手法上也较圆融周详。

有些家长如果发现自家女儿喜欢耍刀玩剑，儿子喜欢玩洋娃娃，就会惶惶不安，觉得孩子是不是出现问题了，是不是要给孩子看心理医生了，真的是我们家长想得太多，并非让男孩子学插花，他就会变得有同性恋倾向。一般这只是因为家长给孩子的游戏种类不但少且刻板。

女孩因性格喜好就去参加足球队或学跆拳道、柔道等，在社会适应能力上也比较优秀。倘若只为了社会的既定认知而限制了孩子原有兴趣，也就限制了孩子未来发展的多样性。这种在观念上的偏执不得不去认清。

2. 爸爸应该多些时间和孩子"勾搭"

很多孩子小时候都是在妈妈的照看下成长的，丈夫或许只是在精神上支持一下妻子，可是别忘了，爸爸在孩子的成长过程中多陪陪他，能避免孩子在成长过程中受到刻板性别定位的影响。虽然爸爸工作很忙，但是只

要一有机会接触孩子，爸爸就必须用心去感受，与孩子进行交流。如果当孩子从外面哭着回来时，要了解孩子的情绪，先去感同身受，让孩子知道爸爸也能体会他的悲伤。并告诉孩子，人会悲伤是正常的，无须忍耐，进而再告诉他处理情绪的方法，或者告诉孩子爸爸小时候也曾有过类似的经历。通常孩子都会认真听，而且这样可促进父子关系。

妈妈和孩子的交流大概最多的是语言和静态的陪同，而爸爸和孩子在一起的时候，更多的是用"活动身体"的方式与孩子互动。再忙也要抽时间陪陪孩子，和孩子共同完成某一件事，找出父子相处时的乐趣。不论一起去公园或看棒球赛，甚至只是去散散步、骑单车等，只要能陪孩子一段时间，或许能够影响孩子的一生。

3．攻击性的女孩、感情丰富的男孩

如果家长总觉得"男孩是攻击性的，女孩是情感丰富的"，那么对孩子的判断就会有失公平。这是因为除了性别特征，孩子也会根据其内在感觉和行动状况，而有不同的反应表现。但他们往往因为被刻板的性别表现要求，而没有表现出来。实际上男孩、女孩都有基本的人性。女孩也会动怒。这里指的动怒，是指对周围事物有积极反应的情绪。

女孩从小被灌注的教育就是含蓄，因此很多情感表现方式都有限制；男孩则受到了太多的勇敢、英雄主义教育。但实际上只要抛开束缚，女孩对自身的事物也会以积极的情绪来反映，女孩也具攻击性。男孩也有情感表现，会清楚地表现在脸上或用语言来表达。只是和女孩比起来，他们会让人觉得喜怒不形于色。

4. 通过游戏让孩子交换社会角色

孩子身上其实同时具有"男孩特质与女孩特质",不分性别的气质,只是家长在无意识下,要孩子"像个男孩"或"像个女孩"的要求下,使男孩和女孩的性别不知不觉定位化。若要采取"不分性别"的教育态度,家长所扮演的角色是很重要的。

对于女孩来说,我们不妨偶尔训练她们的胆量,让她们去做一些男孩们平常玩的游戏。对待男孩也是这样,让他们多接触些细腻的游戏从而让他们更细心。这就需要锻炼家长选择游戏的能力。

5. 让孩子自由表达情感

孩子最初接触的人通常是母亲,所以性别意识的观念启蒙也是来自母亲。一般来说,母亲会觉得女儿和自己比较亲,不仅是性别特质相似,行动上也更亲密。还有母亲想表达的情感,通常女儿也比儿子更能理解。但不能因此而"放弃"让儿子学习在情感上的表达方式的机会,母亲不应设限孩子性别,这样才能给予最适当的教育。

人的潜力往往会被局限在预设立场而无法发挥,若能去除心理障碍,其实什么可能性都会出现。男孩女孩都能"文武双全"或者"理性与感性兼顾"。 只要家长本身不设限,那么你会发现不论是男孩还是女孩,性格和能力的差别都不大,因为他和她一样都能积极竞争而又情感丰富。

第七章
孩子的心理处境

Crack Child's psychological password

破解孩子的心理密码

　　心理弹性是个体持续应对压力所需要的人格素质。它通过内部和外部的保护性因素得到发展。心理弹性通过四种方式起作用：减少危险的影响，或者减少暴露于危险因素的机会来调节危险因素，使其对个体的消极影响减低；减少不幸经历后的负面连锁反应；提高自尊和自我效能感；为孩子指出正面的机会，这能帮助他们产生希望和获取成功的资源。

同一环境下的孩子也要因材施教

当孩子逐渐长大，他就会形成一定的处事规则，以指导他的行为及对不同情境的反映。如果孩子还小，我们只能发现他未来行为模式的端倪。通过几年的练习之后，这种行为模式就会形成，并且固定下来。孩子的行为并不是客观的反映，而是受制于他对自己早期经验的无意识的理解。如果他对某一情境或应付某一情境的能力产生错误的理解，那么，这种错误的理解和判断就会决定他的行为，只要这种原始的、童年时期形成的看法没有被矫正过来，那么，任何逻辑或尝试都不会改变他成人后的行为。

孩子的成长总会有一些主观和独特的东西，教育者必须对孩子的独特个性有所了解，不能用千篇一律的法则来教育孩子，这也是为什么我们对不同孩子采用同一教育原则却取得了不同效果的原因。学校应该是最统一的环境了吧，为什么我们培养出的孩子却各种各样，这就说明同一个环境下也不是能教育出一样的孩子，还要区别对待。还有一个方面，当我们看到孩子几乎用相同的方式来对同一情境做出反映时，我们不要认为是自然法则在起作用。真实的情况是：当对情境缺乏理解和认识时，他们可能就会犯同样的错误。

还有许多其他的情境会对孩子的性格产生不可估量的影响。我们不是经常看到一个家庭中一个孩子表现好，另外一个孩子表现坏吗，我们只要稍加

研究就会发现，那个坏孩子对优越感的追求过于强烈，试图控制所有人和周围的环境，相反，另外一个孩子则安静、听话，是坏孩子学习的榜样。出现这种现象，家长总是很难理解，通过观察我们知道，那个好孩子发现做出优异孩子的行为可以获得认可，并成功战胜了与之竞争的坏孩子；同时这个坏孩子什么时候都被数落，于是他往相反的方向走得越来越远。

有个17岁的女孩，她有个比她大11岁的哥哥，她在10岁以前一直是一个听话的孩子。而她的哥哥是个被过分宠爱的孩子，因为他曾经11年都是家里唯一的孩子。当女孩出生时，这个男孩并不怎么嫉妒她，不过后来当他觉得自己的地位被危及后，他就离家出走了，女孩从此成了家里唯一的孩子，她开始享受独生女的待遇，开始变得想怎么样就怎么样，她甚至利用家庭的信用去借钱，因此欠了很多债。后来她变成了一家人都躲之不及的人物。按道理说，她和他哥哥所处的环境是一样的，可是前后的变化不一样，结果也不一样。

12岁的卢卡斯·威瑟瑞尔以前上数学课总觉得很无聊，常在底下偷读课外书，因为他很早就学会了乘法和除法。现在，他很期待和高年级学生

一起上代数课。他没有跳级，学校的"因材施教混龄教学"计划，让他可以挑战自己智力的极限，不必受到年龄的限制。美国圣安学院正在实施新的"混龄教学"计划，打破年级分班制度，让孩子依照自己的学习进度学习。卢卡斯与和他能力相当的学生一起上课，而不是同龄的孩子，他可以挑战难度更高的功课。

新的分班计划是依学习能力分级，而非依年龄分班学年制。在这样的班级中，教师可以"因材施教"而非依年龄施教。新学制实施一年后，学生家长和教师都十分肯定这个计划。哈特福教区开始思考推广到其他校区的可能性。这就是同一教育下因材施教的问题，我们的孩子可以和别的孩子不同，在经过了学校和家长的鉴别以后，就可以对孩子施行这种因材施教的教育。

处在新情境里的孩子的心理

个体的心理生活是个统一的整体，个体人格的所有表现不仅在横向上密切相关，而且前后一贯。人格在时间中连续展开，而不会出现突然的跳跃。现在和未来的行为总是和过去的性格一致，也是相适应的。这绝不是说，个体一生中的时间机械地由过去和遗传决定。不过，这也不是说，个体的未来和过去是相互断裂的。我们不能一夜之间跳出原来的自我，而变成另一个人，尽管我们从来也不知道所谓的自我到底是些什么。也就是说，直到我们表现出我们的能力和天赋那一刻，否则，我们从来不清楚我们全部的潜能。

如果家长对孩子的错误行为进行惩罚，那么，他就把惩罚作为继续反抗的好理由。惩罚强化了他的这种感觉，即反抗有理。我们的观点具有合

理的根据。所有儿童的行为错误只能被理解为他与环境互动的结果，是他们遭遇未曾准备的新环境的结果。这种错误即使很幼稚，我们也无须吃惊，因为在成人的生活之中也存在这种幼稚表现。例如：在我们班有一个女学生，她就是这样，既然老师已经批评了，那么就干脆一句话也不说，倔强地看着老师。此时对她的任何惩罚都起不到积极的作用，反而是消极的。她想反正已经这样了，你怎么办吧。

对于各种举止和不明显的身体语言的意义，几乎还没有人研究。教师在这方面也许是得天独厚，可以把孩子的这些表现形式纳入一种图式之中，探讨它们相互之间的联系及其根源。我们必须记住，在不同时刻，同一种表现形式的意义并不相同：两个孩子有相同的行为，其意义也并不一样。此外，尽管问题儿童的心理相同，其表现形式却是多种多样。原因很简单，达到同一个目的，可以有多种途径。

孩子的有些表现未曾被注意到，但却有其意义，例如，孩子的睡姿。这里举出一个有趣的例子。一个15岁的男孩曾被这样的幻觉所困：当时的皇帝弗兰西斯·约瑟夫死了，他的鬼魂出现在这个男孩面前，并命令他组织一支军队向俄罗斯进军。我们在夜间走进他的房间，发现他的睡姿俨然一副拿破仑指挥千军万马的样子。在第二天，我们见到他的时候，发现他仍是一副类似夜间的军人姿势。可以看出，他的幻觉和清醒状态之间的联系相当明显。我们和他交谈，并使他试图相信，皇帝还活着。他不愿意承认这一点。我们了解到，他在学校的时候，总是因为自己身材矮小而遭受奚落。我们问他是否有人和他走路的姿势相似，他想了一会儿回答说，"我的老师，麦尔先生。"看来，我们猜对了，只要我们把这个麦尔先生想象成为另一个小拿破仑，我们的问题就迎刃而解了。更为重要的一点是，这个小男孩告诉我们，他希望成为一名教师。他喜爱他的老师麦尔先生,并乐于在各个方面模仿他。简言之,这个男孩的全部生活史都浓缩在这个姿势之中。

新环境是对孩子准备性的一种测试。如果孩子准备充分,他就会满怀信心迎接新环境。如果他对新环境缺乏准备,就会感到紧张,进而产生一种无能感。这种无能感会扭曲孩子的判断力,并对环境做出不真实的反映,即这种反映和环境的要求格格不入。换句话说,孩子在学校的失败不仅仅是由于学校系统的无效,而主要是因为在准备上的缺失和不充分。在孩子开始他的学习生涯时,妈妈要让孩子做好准备,因为他们要适应新的环境,也许第一次的准备性测试就决定了孩子的一生。或是喜欢学校生活,积极地面对未来的生活,或是恐惧学校生活,不爱学习,时时逃避有关学校的一切。

我们之所以要研究新环境,并不是因为它是孩子变坏的因素,而是因为它更为清晰地显现了孩子在新环境准备上的缺失。每一个新环境都可以被视为对孩子准备性的测试。

私生子的处境尤为艰难。让女人和孩子承受这种负担,而男人则逍遥

自在，这并不公道。这其中付出代价最大的当然是孩子。不管人们如何想去帮助这种孩子，都不可能消除他的痛苦，因为常识很快就会告诉他，他的境遇并不正常。私生子会受到同伴等人的嘲笑，或者国家的法律使他们处境艰难，法律把他们烙上私生子的印迹。于是，他们会变得很敏感，容易和人发生争吵，并对周围世界抱有敌意。因为每一种语言里都有一些丑陋的、侮辱性和鄙视的字眼来称呼他们这些私生子。这就不难理解，为什么问题儿童和罪犯之中有那么多的孤儿和私生子。孤儿和私生子的反社会倾向不是天生和遗传的，而是环境造成的结果。

一种环境能造就一个人，如孟母三迁：为了孩子能有一个好的学习环境，孟母搬了三次家，改变了其周围的环境。任何一个孩子的反社会倾向不是遗传的，而是身处的环境使他变成了这样。

提高孩子的"心理弹性"

人的成功受多种因素的制约，有时候，看似可行的目标也不可能个个如意。我们要让孩子知道这些道理，因为，在孩子失败、不知所措的时候教给他自我调节的能力是非常重要的。此时，如何使孩子坦然面对失败、战胜自我、增强心理上的承受能力，关系到孩子健康成长的"根基"。

要增强孩子心理上的"弹性"。首先不要给孩子过多的心理压力。适当的压力当然可以变成一种动力，可是，过度的心理压力会变成一种心理负担，反而会人为地为自己设置一道无形的障碍，使结果适得其反。正确的做法应该在总结自己教子失误时说："孩子只要尽力，不论成败都无可指责。"另一方面，家长还要适度地对孩子进行挫折教育，人为地设置一些困难情景，培养孩子面对挫折的"平常心态"，在他们思想上形成"胜败乃兵家常事"的意识。即使这次失败了，相信自己下次肯定能成功，从而始终保持高昂的斗志和必胜的信心。

其实，对孩子施加心理压力未尝不可，关键是要考虑孩子的心理承受力，千万不要让孩子幼小的心灵背上沉重的包袱。只有给他们创造一个自由、舒适的心理环境，切实构筑起孩子心理的"弹性空间"，孩子的茁壮成长才能有保障的基石。

心理弹性是个体持续应对压力所需要的人格素质。它通过内部和外部保护性因素得到发展。心理弹性通过四种方式起作用：减少危险的影响，或者减少暴露于危险因素的机会来调节危险因素，使其对个体的消极影响减低；减少不幸经历后的负面连锁反应；提高自尊和自我效能感；为孩子指出正面的机会，这能帮助他们产生希望和获取成功的资源。

不同孩子对相同的事件会产生不同的反应。有的孩子很随和，有一定的沟通技能，善于与人交往，他们很受欢迎。受欢迎的孩子有更多的朋友并且更加自信，他们适应变化的能力也很强，能形成对应激较强的抵抗力。通过培养他们一些技能，促成他们获得小小的成功，可以增强其自信心，提高孩子的自尊和自我效能感。

在不利处境中，来自外界的帮助可以让他们产生希望，获得成功应对

所需的资源。在不幸经历后，外界的支持可减少负性连锁反应，抵消一些不利因素，并提高孩子在以后生活发展中的应对能力。这就要求外界提供尽可能多的支持，以弥补他们在不利处境中受到的损失。

变故更容易看清孩子的性格

人的性格有着连续性和统一性，如果环境没有发生变化还好，一旦发生变化，我们就会看出一个人在某个时刻性格的发展状况。因此，如果能够直接对个体进行试验，我们就可以通过把他们带入一个他们没有预料到的新的环境之中，来发现他们的人格发展水平，于是他们在过去情况下不会显露的性格就会在新环境中表现出来。

就孩子而言，通常是在转变期（如孩子开始上学或家庭环境突然发生变故时），我们最有可能发现他的性格，孩子的性格局限就会在这个时期清晰地显现出来，就像一张相片的底片被放进冲洗液而显现出来的图像一样。

有个被收养的孩子，他的性格暴躁，难以驯服，当问他问题的时候，他的精神也不能集中，不仅不能回答问题还经常自言自语。其实这些表现都说明，虽然他的身体来到了养父母的家，但是心却不在这里，他并不喜欢养父母的家，这是我们从这个新环境中得到的结论。但是这个男孩的养父母却说事实上，他们对这个孩子很好。而且，在这之前，也从来没有什么人对这个孩子这么好过。不过善待并不是关键的因素。我们经常会听到一些家长说，不管对孩子用什么样的办法，软硬兼施、好话坏话都说尽了，孩子还是没有任何转变。所以仅仅善待孩子是不够的，许多孩子会对父母的善待有所回应，但这都只是暂时的，如果孩子所处的环境没有任何改变，他仍然会回到以前的情况中去。

约西亚10岁，是一个聪明活泼的女孩，她平时酷爱读书。她有三个密友，彼此有共同的兴趣爱好。由于工作变动，约西亚的父母举家搬迁。到了新学校后，约西亚仍和原来一样，一头扎到书本里，刻苦读书，却没有和同学们交往。约西亚的父母担心约西亚会成为一个不折不扣的书呆子。约西亚的新同学们对她不错，但她们都有自己的朋友圈子。约西亚在学校表现很出色，几个月后，约西亚的同学开始给她打电话，询问家庭作业的问题，约西亚也借此开始交新朋友。

约西亚的父母认为，搬迁会导致约西亚离开朋友。其实，约西亚在搬迁前通过与老朋友的交往，已经掌握了一定的社交技巧，在新学校也会有用武之地。

南希12岁，在过去的两三年中，她搬了几次家。南希是个人见人爱的姑娘，文静可爱。在南希之前就读的学校里，许多同学都有要好的朋友。每次搬家，南希都要为失去好友而难过。在不同的地方，南希虽然都能遇到一些朋友，但是很难交上知心的好友。在最后一次搬家后，南希便很少出去和同伴一起玩耍了，而是整天和父母待在一起。

一些孩子因为父母多次搬迁而显得脆弱无助。在他们眼里，好友不过是一时的陪伴，这种想法阻碍了孩子们进一步的交友，特别是当他们最终在某一地区定居之后。孩子觉得家长才是最稳定

的依靠，所以家长要帮孩子实现的就是他们稳定和安全感心理，帮助孩子适应新环境。在家庭即将搬到新环境时，既让孩子友好地与旧友话别，又实时给予他们安慰，让他们从失去旧朋友的悲伤中走出来，并在以后的生活中鼓励他们结交新的朋友，这才是家长最急需对孩子做的。

家长可以适当"视而不见"

生活中，孩子难免要做错事，家长是抓住孩子的小辫子不放，一棍子打过去，还是将他的错误公布于众，让他羞愧难当、无地自容？很多家长觉得，孩子犯错误了，当然不能藏着掖着，一定要告诉他们做错了什么。可是别忘了，有时候"视而不见"是对待孩子错误的最好办法。

一天深夜，回来得有些晚的杰西卡在无意中发现，正在读高中的儿子杰克在计算机前浏览色情网站。刚开始杰西卡义愤难当，不过仔细想过了以后，她平复了一下自己的心态，还是回到自己的房间。她找了个适当的机会，把杰克叫到自己的房间，在询问了孩子的一些基本生活和学习情况以后，杰西卡很自然地就过渡到了性教育的问题上。她语气平缓又不失严肃地谈到性的问题，告诉杰克一些常识，并一起讨论如何看待媒体上的色情泛滥问题。杰西卡对杰克说："现在网络上一些成人网站，受利益所驱使，为了提高点击率，对色情的东西存在夸张和滥用的做法，其实并不是健康的性知识。如果你愿意，妈妈愿意和你一起对基础的性知识和问题做一番探讨。"于是，杰克很乐于和妈妈在一起讨论，以增加一些性常识，而杰西卡一开始的"视而不见"也让很可能走上邪路的杰克走上了一条正规的接受性教育的道路。

还有一些家长会发现自己放在抽屉里的钱转身不见了，或者在半夜的

第七章 孩子的心理处境

时候看见孩子悄悄从外面玩耍回来，这个时候大多数的家长都调用自己的火眼金睛，一眼看穿了孩子的行径，并不失时机地采取批评教育：训斥、惩罚，甚至还可能打骂。他们以为孩子这样做的后果很严重，如果不旗帜鲜明地制止，并加以严肃教育，孩子就会向不道德的深渊越滑越深，甚至走上犯罪的道路。

其实，家长可以对孩子的这些错误"视而不见"，稍后巧妙地再做一下处理。

对于拿了家长钱的孩子，我们可以当着孩子的面对家人说："是不是您放错了地方啦？别急，我们大家都来帮您找一找。"故意给孩子留出空子，这样就给孩子保留了一颗没被伤害的自尊心。还有一种可能是孩子确实需要钱，已经把这个钱花了一些。如果他诚恳地跟家长说明钱的去向，这个时候，家长就要用赞赏的语气，首先赞赏孩子有诚实的宝贵品质，再对他讲清楚一旦养成这样的坏习惯，以后是不受大家欢迎的，从而达到让孩子改邪归正的目的。

对偷偷跑出去玩的孩子，从他那惊恐的目光中我们就看出了他的胆

137

怕。如果这个时候，遇到的是家长的训斥或打骂，可能孩子会吓得彻夜不敢回家，那后果就可想而知。我的做法是，轻声地对孩子说："时候不早了，快去睡一觉，不然明天上课就会打瞌睡。去吧。"

面对咄咄逼人的家长，孩子惊慌失措、支吾搪塞，家长一针见血地揭穿他的谎言，痛心疾首地指责他道德败坏，满腔悲愤地倾诉自己的失望和愤懑。孩子由惊恐不安到无地自容，内心产生了强烈的罪恶感，"道德败坏"的烙印深深刻上自己心灵，此后永难抬头，他慢慢变得沉默寡言，陷入抑郁。性格偏激的孩子，有可能就此自暴自弃，走上堕落的道路。

此时，如果家长装聋作哑，对此"视而不见"，"侥幸"逃脱的孩子，他们为自己没被家长发现，免遭一顿羞辱而庆幸，也对家长的宽容充满着发自内心的感激。事情过后，他会痛定思痛，反思一下自己的行为，听听家长谆谆的教诲，感到一下子长大了，暗下决心，不辜负家长的苦心栽培，做个有出息的好孩子。

人的一生中都难免会犯错误，学校和家庭应该是允许孩子犯错的地方。遇到这种情况，聪明的家长对此可以"视而不见"，给孩子一个逃脱的机会。这就无形中给孩子一个避责的台阶、一个喘息的空间和调整的机会。这不是姑息，而是保护。正像教育家苏霍姆林斯基说过："我们要像对待荷叶上的露珠那样，小心翼翼地保护孩子的心灵。"

无奈的新情境——离异家庭的孩子

在现今社会，离婚早已不再是什么丢人现眼，需要遮遮掩掩的事情了，可是在孩子心目中，父母的离异却是天底下让他们最难以接受的事情。离婚了以后，父母双方觉得自己解放了，但这种婚变对孩子来说，却

第七章 孩子的心理处境

往往成为一种严重的恶性心理刺激。看看这些破碎家庭背后一颗颗被震碎的幼小心灵，我为他们心疼，为他们忧虑：那么小的孩子心怀一颗杀凶报母的雄心，一颗担忧自己是否还有人爱的无助的心……

当孩子们在正是撒娇、备受呵护的年龄，却又遭受着心灵的重负。我们无意谴责任何人，因为父母有追求幸福的权利。可是，孩子们挚爱的父母，在你们追求幸福的同时，一定不希望孩子因此而受到伤害吧。父母的离异为什么会给孩子的心理健康带来如此之大的影响？离异家庭孩子的心理问题主要表现在哪些地方呢？

1．情绪不稳定

很多离异家庭的孩子都有情绪不稳定的现象，有明显的恐惧感、悲伤感。他们为父母离异而感到羞耻，觉得自己与别的小朋友不一样。为此，他们常将这些归罪于父母，甚至痛恨双亲，特别是当离异中的某一方常向

他们灌输另一方是多么坏的信息时，这种痛恨的情绪会表现得更加明显。父母离婚分开之后，孩子在强烈的悲伤之余，更加害怕会失去父母的爱，害怕会被双亲抛弃，这种悲伤与恐惧在父母离婚一年之后尤为明显。

离异家庭的孩子在神经、心理方面的问题，如注意力不集中、大小便障碍、口吃、进食障碍、吸吮手指、眨眼等的发生率，都较完整家庭孩子的要高。

2．一方教育残缺

父母离异后，原有的家庭人际关系及由此而产生的氛围与行为准则都已不复存在，再加上父母离异前大多要经历一个吵闹与冷战的过程，这对孩子的影响十分巨大。父母离异之后，孩子不管是与亲生父亲还是亲生母亲生活在一起，对他来说都是一种对部分家庭环境的剥夺，而心理学家的研究已证明这种剥夺对幼儿心理造成的有害影响，包括智力、儿童社会化及情感方面的发展等。父母离异、家庭破碎对孩子而言，也意味着父母性别角色的残缺。父亲母亲在家庭中属于两种不同的社会角色，在对孩子的影响过程中，带有各自性别特质的色彩，并互相补充其作用。而父母性别角色的残缺，将使孩子心理发展的"性别度"产生一定的偏差。加之一个人毕竟精力有限，对孩子的照料、教育不够，这些都会影响孩子的心理健康。

3．在不良情绪下生活

离异父母双方的不良情绪对孩子产生着不良的影响。这种不良情绪，通过父母的表情、语言、行为反映出来，使家庭气氛压抑、紧张。在这样一个环境中，孩子幼小的心灵蒙上消极色彩，易导致疑虑、精神紧张、反应失常。离异者常将自己今后的希望全部寄托在孩子身上，往往不顾孩子的心理、智力等方面的实际情况来确定其发展方向,而一旦孩子出点儿问题,便痛心疾首,用严厉的手段对待孩子;而有的离异者则对孩子溺爱、放任,这些都导致孩子心理发展出现偏差。

离异家庭的孩子怎么教?很多离异的父母在离婚前都考虑到这个问题,但是往往随着自己生活环境的改变,他们的想法已经和现实有了偏差,这个时候他们自己都已经手足无措了,更别说怎么教育孩子了。

那么,我们应该如何帮助离异家庭的孩子呢?

1. 给予孩子完整的爱

离了婚的父母,虽然已经不是夫妻,但是最好的办法是继续做孩子的父母。父母仍然应该关心孩子,为了孩子的幸福着想。父母双方都应该为孩子着想,不仅离婚后能继续关心孩子,也不互相诋毁仇恨,以免刺伤孩子心灵。学龄前孩子显著的特点就是对父母有崇拜感。因此,离异父母不要诋毁双方在孩子心目中的形象,不要让孩子认为自己的父母其中一方是"坏人"而在同伴面前自卑。孩子年龄越小,心理越脆弱。父母在必要时不妨以善意的谎言来保护孩子心理不受伤害。

2. 让孩子融入学校

除了家庭以外,学校是孩子待得最多的地方,他们每天大部分的时间和老师和其他小朋友一起游戏、学习。老师在平时的工作中,要善于组织孩子开展丰富多彩的集体活动,引导孩子发扬团结友爱的精神,多与家长和孩子沟通。注意观察孩子的情绪变化,做好个案记录分析。对离异家庭的孩子要有更多的爱心、耐心,让他感受到老师和小朋友对他的爱和帮助,满足孩子安全和自尊的需要,及时消除孩子焦虑、羞耻、内疚、自卑

等不利于孩子心理健康成长因素，帮助他们树立良好的思想品质，让他们明辨是非，懂得用正确的态度和行为方式待人处事。多和家长交流沟通，使我们的孩子不因家庭变故而对其个性形成负面影响。

3. 社会要给予孩子爱

孩子的性格是在游戏、学习及日常生活中表现出来的，也是在活动中形成和发展起来的。对于离异家庭的孩子，老师、父母及整个社会都需多关心和爱护他们，多用赏识的目光看待孩子的一切，给予孩子充分的肯定和鼓励。在集体的活动中，我们的意见和要求，影响着孩子对周围事物的态度和行为方式，同时集体生活也能改造孩子已形成的不良性格。在实际活动中，孩子的优点因得到称赞鼓励而稳定下来，缺点因受到批评、阻止而逐渐改变，使性格趋于完善。

孩子对新环境能否适应的测试

新环境是孩子准备性的一种测试，如果孩子准备充分，他就会满怀信心迎接新环境；如果他对新环境缺乏准备，就会感到紧张，进而产生一种无能感，这种无能感会扭曲孩子的判断力，并对环境作出不真实的反映，即这种反映和环境的要求格格不入。换句话说，孩子在学校的失败不仅仅是由于学校系统的无效，还主要是因为孩子在准备上不充分。我们就根据以下情境来判断一下孩子到底适应不适应新的环境。

如果一个母亲说他的孩子在入学之前一直都很好，但是一进入学校就表现不好，那么这就是说，孩子难以适应学校的生活。孩子失去自信的第一个迹象就是不能适应学校的生活。孩子开始遭受到的困难一般都没有引起足够的重视，但是它对孩子来说可能是个灾难。我们要了解，孩子是否经常会因为获得较低的分数而挨打，这种低分或者打骂会对他追求优越感产生什么样的影响。这个孩子或许认为自己以后不再会有出息，特别是当他的父母经常跟他说："你将一事无成"的时候，孩子更是认为自己很无能。

当然了，每个孩子的性格不一样，对刺激的反应也会不一样。有的孩子受到失败的打击后会吸取教训，从此开始发奋。有的孩子却会一蹶不振。我们需要对那些对自己的未来丧失信心的孩子给予鼓励。

另外一个测试的方法是：当问题出现之前孩子有明显迹象吗？对于这个问题，我们将会获得各种各样的答案。有的男孩在女性环境中长大，也常常被当作女孩来对待。当他习惯了自己的"女性角色"时，环境突然变化，他被安排到了男子学校，很多同学都取笑他，这样男孩当然不能适应学习和生活的环境。

和这个男孩厌恶男子学校类似的是，有些女性会厌恶女性职业。这是因为她们认为这些工作没有价值，这也体现了我们文明的失误。有些职业只允许男人拥有特权，从而排斥女人。很多地方，男孩的出生要比女孩的出生更受欢迎。即便是在经济文明和社会文明高度发达的国家，歧视女性的情况也存在。我们的教育一方面没有给女性提供做非凡事情的准备，一方面又反过来批评女性的成就低微，这是很不公平的。

第八章
在学校里的孩子

Crack

Child's

psychological

password

破解孩子的心理密码

　　如果一个学生特别看重智商的高低，就会把注意力集中到竞争和个人的野心方面来。有的学生不喜欢看到别人遥遥领先，他们或不遗余力地去追赶，或陷入失望，带着主观的情绪看待事物。教师就应该在这个时候给予适当的引导和校正，这就是为什么教师的建议和指导如此重要。教师一句恰当的话会把孜孜于竞争的学生引向合作的轨道，也能把盲目追求上游的学生拉回正常的学习轨道上来，这就是教师对于以智商为题引申出来的最大意义。

入学前的心理准备

　　良好的入学准备可以给孩子接下来的新生活开一个好头,可是大多数的家长却都不觉得这有多么神圣。相反,很多家长在孩子入学前,不仅没有给予孩子很多的正面影响,反而给他们带来了不良影响。这是可以理解的,因为家长从小也是这样过来的。母亲是第一个唤醒孩子兴趣的人,并在指导孩子把兴趣转入健康的渠道方面起着关键作用。如果母亲没有尽到责任,其结果就会明显地体现在孩子在学校的表现上。除了母亲对孩子的影响外,还有其他一些复杂的家庭影响因素,如父亲的影响、周围环境的影响。此外,还有其他一些外在因素,如不良的社会环境或偏见。

　　当孩子的生活环境由家庭转变为学校时,学校对于他来说就是个全新的环境。正如所有的新环境一样,学校的一些状况对于孩子来说也是一个新的测试。如果孩子准备充分,那么他在学校的生活会相对顺利。相反,如果孩子准备不足,他适应新环境的能力也会有所欠缺,从而影响他在学校的发展。

　　很少有家长会记录孩子在上幼儿园和小学之前的准备状况,可是我们知道,这种记录真的会帮助我们解释孩子成年以后的行为。这种"新环境的测试"当然比一般的学校成绩更能揭示出这些孩子的情况。

　　孩子进入学校前夕,真的是一个值得研究的阶段。它表明,孩子从此进入到了一个新环境，并且从此以后都和这种新环境要发生十几年甚至二十几年的关系。这个时间可以说是人的一生中相当长的一段时间。在学校里，孩子需要和教师合作、和同学合作，同时还要对学习科目产生兴趣。通过孩子对学校这个新环境的反应，我们可以判断出他们的合作能力和兴趣范围，可以判断出他对哪些学科感兴趣，判断出他是否对别人的说话感兴趣，是否对所有一切都感兴趣。要确定这些方面的情况，我们需要研究孩子的态度、举止、眼神和倾听别人说话的方式，需要研究他是否以友好的方式接近老师，还是远远地躲避老师，这些都是我们需要为孩子想到的。

所以，在孩子入学之前，要给他做好心理辅导。首先告诉孩子上学可以学到很多很多有趣的知识，让自己变得更聪明，懂得更多的事情。也要引导孩子懂得学校的学习与幼儿园的游戏不同，不能视课堂学习为儿戏，应该集中精力听讲，认真细心地完成作业，学习结果要达到标准要求，才算完成学习任务。

学校是一个整体,所以家长一定要让孩子入学前就知道,进入学校之后要关心集体、关心他人。同学之间要团结友爱,告诉孩子怎样正确对待集体生活中可能遇到的各种问题,鼓励孩子争取在班上成为一个受欢迎的人。引导孩子对集体生活、对老师、同学和学校产生向往和期待。家长可以带孩子去熟悉一下校园的环境,激发孩子的兴趣和好奇心。另外,家长在家里也要帮孩子布置出一个安静整洁的学习角,让孩子在家中先体会一下成为小学生的新鲜感受。

跳级、留级、更换老师和男女同校

对于学生留级的坏处,几乎不用我们去说。很多教师都有这样的经验:留级生会给学校和家庭带来一些问题。还有很多教师还会有这样的体会:绝大多数的留级生都不止一次地重读。他们总是落后,这是因为他们的问题总是被回避了,从未得到解决。所以就会不断重复留级的路。

在什么情况下让孩子留级?这是一个让很多人都觉得困难的问题。随着教育制度的发展,很多有责任心的教师会避免留级情况的发生。他们利用假期来辅导孩子,找出他们学习中的错误并加以矫正,从而使这些孩子能顺利地升级。如果学校有这种特殊的辅导教师,那么这种方法值得推广。我们有社会工作者、上门给孩子辅导的家教,却没有这种给孩子补课的辅导教师。

如果我们的教师多一些责任心,懂得如何正确观察,就会比其他人更了解班级的实际情况。有人会说,因为班级人数太多,任课教师不可能了解每一个学生。人多是一个理由,却不是全部理由。如果教师用心、认真

对待学生，就会很快认识到他们的生活风格，这样也可以避免一些后来观察的困难。即使班级很大，这也能做到。显然，我们了解这些孩子要比不了解能更好地教育他们。班级人数过多当然不是一件好事，应该加以避免。不过，这并不是一个难以克服的障碍。

有留级的学生也有跳级的学生，现代教育还说不好跳级到底有没有好处。这也是有两面性的，有的学生综合素质比较强，跳级或许对他造成不了什么影响，那么他就适合跳级；还有些学生往往不能满足自己由于跳级而带来的过高期望。只有那些在班级年龄相对较大的孩子，如果他们成绩出色，才可以考虑让他们跳级。那些曾经留级后来又努力赶了上来，且成绩出色的孩子，也可以考虑让他们跳级。我们不能因为学生学习成绩好或因为他懂得比别人多，而把跳级作为一种奖赏。

其实，如果不跳级，在把自己的功课学好的同时可以把一些时间投入课外学习，如绘画、音乐等，这样将会对孩子的整个发展很有益处，对班级的发展也大有好处，因为他对其他学生也是个激励。把班级中的好学生

第八章 在学校里的孩子

抽走并非好事。有人说，我们总是要促进聪明、杰出的学生的发展。对此，我们并不苟同。相反，正是成绩优异的学生带动了整个班级的进步，并让班级进步有了更大的动力。

许多学校很有意思，有的学校特别爱更换教师，有的学校却总是让一个教师跟班很多年。我们的建议是，不要每年更换教师，也不要像有些学校那样，每隔六个月就更换教师。教师最好是跟班，随学生进入新的年级。如果一个教师能执教同样的学生两年、三年或四年，这会大有裨益。因为这样一来，教师就可以有机会密切地观察和了解所有的孩子，就能知道每个学生的学习方法中的错误，并能加以矫正。就像之前我们说的，孩子进入一个新的环境，总要有一个适应的过程，如果半年更换一次教师，那么孩子在心理上就会每半年调整一次，这样是不好的。

很多学校都会设置快慢班，如果仔细观察我们就会发现。快班中的一些学生的智力实际上很平常，而慢班的学生也并非像多数人所认为的那样，是智力低下的，只是出身贫困家庭而已。贫困家庭的孩子一般都内向，觉得自己不如别人，久而久之就会产生自卑心理。其原因是他们对于学校缺乏准备性。这很容易理解。他们的父母过于操劳和忙碌，从而没有时间关注自己的孩子，或这些父母所受教育不足以胜任这样的教育任务。这些对学校缺乏准备的学生不应该被编入慢班。对孩子来说，编入慢班是一种不好的标记，并总会受到同伴的取笑。

关于男女是不是要同校的问题是教育界一直以来都讨论的话题，我们原则上应该促进男女同校的发展。这是男女学生更好地相互了解的一种好方法。不过，认为男女同校可以任其发展的观点，则大谬不然。男女同校会涉及一些特殊问题，需要加以考虑，否则，其缺点会大于其优点。例如，人们通常会忽视这样一个事实，即女孩在16岁之前要比男孩发育成长

得更快。如果男孩没有认识到这一点，那么，当他们看到女孩发展比他们快的时候，往往会心理失衡，并和女孩进行一场毫无意义的竞赛。面对类似的事实，学校的管理者和任课教师都必须在他们的工作中加以考虑，并找出解决问题的办法。

如果一个学校很深入地理解了男女同校的问题，并且能够解决其中的问题，那么，男女同校就可以获得成功。不过，如果教师不喜欢男女同校，也因此感到这是一种负担，那么，他们的教育和教学就必然失败。如果男女同校的制度管理不完善，对孩子们又缺乏正确的引导和管理，那么，这必然会产生性别引起的问题。因此是否选择男女同校，也是家长在经过了对孩子的足够了解和对学校的足够考察以后要做出的决定。

教师的犀利

为什么一些教师看起来并不是多么投入自己的时间，却能让学生在他教的那一个科目上每次都取得好成绩？这就是这些教师的过人之处。不过这并不是遥不可及的，如果我们了解孩子的兴趣，发现他们所擅长的科目，我们总可以找到如何教育他们的方法。成功引发更多的成功，对教育是这样，对人生的其他方面又何尝不是如此。

如果一个孩子对某一学科感兴趣，并取得了成功，那么，这会激励他尝试去学好其他科目。教师的一个职责就是利用学生的成功去激励他获得更多的知识。学生自己并不知道如何做到这点，不知道如何依靠自己来提升自己，这就像我们所有人从无知迈向有知时，经历困惑而需要帮助一样。不过，教师能在这方面给予学生帮助。教师若能这么做，他就会发现，学生会认识到这一点，并予以积极配合和合作。

还有一些教师，他们可以通过观察孩子的感觉，找出孩子最经常使用的感觉器官，从而找出他们喜爱哪种感觉类型。有些孩子在视觉上受到良好的训练，有些孩子则在听觉上受到良好训练，还有些孩子在运动上受到良好训练，等等。近年来，流行起一种所谓的劳动学校，这些学校奉行这样一种正确原则，即把科目教学和眼、耳、手的训练联系起来。这些学校的成功显示了利用孩子的感官兴趣的重要性。当然，如果我们把孩子的感觉器官来一一作分析，我们就将得到其他教育孩子方法的启发。

教师发现如果有的孩子偏爱用眼睛，就属于视觉类型，他就应该使所教科目的内容便于眼睛的使用，例如地理。因为这孩子看的效果要比听的效果好。这只是教师观察学生所获得的认知之一。教师还可以通过观察获得其他诸如此类的认知。

有一位不仅懂得心理学，也了解教师和父母生活情况的杰出心理学家和教师们一起参与活动。教师们聚集在一起，每人都提出一些问题儿童的案例，如懒惰、扰乱课堂纪律、小偷小摸，等等。有个教师描述了一个具体案例，然后由心理学家根据他自己的经验和知识提出问题，并开始讨论，其中包括问题的原因是什么？问题什么时候出现？应该怎么做？这需要对这个孩子的家庭生活和整个心理发展史加以分析。最后把各种信息综合起来，对一个具体的问题儿童制定出一个具体的矫正方案。

这个孩子和母亲参与了第二次咨询活动。在确定对母亲做工作的具体方式以后，心理学家先是和母亲商谈。这个母亲听取了他的孩子遭遇挫折的原因解释。接着，由这位母亲讲述了这个孩子的情况，再由心理学家和她讨论。一般来说，母亲看到别人对她孩子的案例感兴趣应该很高兴，并乐于合作。如果这位母亲不够友好，并带有敌意，那么，教师或心理学家还可以谈论一些类似的案例或其他母亲的情况，直到她的抵触情绪被化解

为止。

最后，在商定帮助孩子的方法之后，孩子便走进咨询室。他见到了教师和心理学家。心理学家和他谈话，但并不谈他的错误。心理学家就像在课堂上课一样，以一种孩子能理解的方式客观地分析问题、问题的原因和导致他受挫的观念和想法。心理学家帮助孩子了解自己为什么受挫，而其他孩子受到偏爱，为什么他对成功不抱希望，等等。

这种咨询方法持续了将近15年，在这方面受到训练的教师非常满意，他们也不想放弃持续了四年、六年或八年的工作。

孩子们在这种咨询活动中得到双重的收益：原来的问题儿童恢复了心理健康，他们学会了与人合作，恢复了勇气和自信。那些没有去咨询诊所接受咨询的孩子也获益匪浅。当班级中的个别学生出现潜在问题的时候，教师会提议孩子们对此展开讨论。当然，教师要对讨论进行指导，孩子们参与讨论，都有充分的机会各抒己见。他们开始分析某个问题的原因，如个别学生的懒惰，最后会得出结论。虽然这个懒惰的孩子并不知道他就是讨论的话题，但仍会从众人的讨论中获益良多。

这也显示了把心理学和教育结合在一起的可能性。心理学和教育是同一现实和同一问题的两个方面。要指导心灵,就需要了解心灵的运作。只有那些了解心灵及其运作的人才能运用他的知识指导心灵走向更高、更普遍的目标。

培养孩子的入学兴趣

一个男士因在职业上遇到诸多问题,便去找心理学家治疗。心理学家从他对童年的回顾中发现,他是父母唯一的男孩,是在姐妹群中长大的。他出生不久父母就去世了。到了上学的年龄时,他不知道是到女子学校还是到男子学校就读,后经姐妹的劝说,便去了女子学校读书。但由于是女子学校仅有的几个男孩,老师并不把他放在眼里,甚至呵斥与责骂随口即来。后来这个男孩忍受不了老师的恶语相向,公然与老师冲突。因此,他很快就被学校劝退了。我们可以想象这件事会对他的心理产生多大的影响。

学生是否专注于自己的学业,在很大程度上取决于他对教师的兴趣。促使并保持学生的专注,发现学生是否专注,或是否能够专注,这是教师教学艺术的一个部分。有许多学生不能专注于自己的学业。他们一般是那些被宠坏的孩子,一下子被学校里这么多的陌生人吓坏了。如果教师又较为严厉一点,这些孩子就会有似乎记忆力欠缺的表现。不过,这种记忆力欠缺并不像我们通常所理解的那样。那些被教师指责为记忆力欠缺的学生,却能对学业之外的事情有清晰的记忆。他们完全能够做到精神专注,但这只有在溺爱他们的家庭情境中出现。他们的全部精力都集中在被宠爱的渴望上,而不是集中在学校的学业上。

对于这些在学校里难以适应、成绩不佳和考试不及格的孩子,批评或责备是没有用的。相反,批评和责备只能让他们相信,他们不适合学习,

并对学习产生悲观、消极的态度。

值得注意的是，这种孩子一旦获得教师的宠爱，他们通常都会成为好学生。如果学习对他们有好处，他们当然会努力学习。不幸的是，我们不能保证他们永远受到宠爱。如果他们转学或更换了教师，或他们在某一学科（数学对于被溺爱的孩子来说永远是一门困难而危险的学科）上进步不大，就可能突然止步不前。之所以不能勇往直前，是因为他们已经习惯别人把他们所面临的每件事都变得轻松容易一些。他们从未被训练去奋然努力，也不知道如何去奋然努力。对于克服困难，对于通过有意识的努力而勇往直前，他们没有耐心，也没有毅力。

因此，培养孩子喜欢上学的兴趣是非常重要的，要利用孩子平时提出的一些问题进行引导。孩子平时喜欢提出这样那样的问题，家长在给孩子解答时，可以对孩子说："你问的这些问题，妈妈也不完全懂，等你到了学校，老师会告诉你的。到学校上学，你会学到很多知识。"这样做会让孩子知道，在学校就可以学到自己想知道的很多问题。接下来还要培养孩子的学习兴趣，爱玩是孩子的天性，贪玩并不奇怪，对这一点，家长不要惊慌，要动脑筋把玩与学习兴趣联系起来，也就是说为他设计一些简单的游戏或活动，在游戏与活动中帮助孩子发现问题，引发兴

趣。例如，孩子不肯读书，可以找几个小朋友到家里和孩子一起读。学习形式多种多样，吃饭时可以从餐具入手，认识餐具名称；在公园玩时，教孩子认各种植物、动物以及各种类型的建筑物……让孩子学得轻松有趣。

平时多鼓励孩子参加集体活动也是培养孩子入学兴趣的重要因素。在学校，如果孩子与同学相处不习惯，有些性格内向的孩子更加不愿与同学交往，对学校生活就产生恐惧感。这时候，家长应多鼓励孩子参加集体活动，如文艺演出、运动会、游戏、到同学家去玩……让孩子在集体活动中学会交往，逐渐适应校园生活。

智力不是学习好的首要因素

现今流行很多智力测试，很多教师和家长也很看重这种测试。这种测试有时的确很有价值，因为它们会揭示出普通测试所不能揭示的东西。这种测试还曾一度是孩子的救星。一个孩子学习成绩较差，教师也想让他降级，而智力测试却突然揭示这孩子智商很高，于是，这个孩子不仅没有降级，反而被允许跳了一级。他感觉颇为得意，行为也因此大为改变。

这个是智力测试好的一面，但是如果这个孩子测试出来智商很低呢，那肯定就是不一样的结果了吧？

智商测试并没有那么没用，也没有那么重要，并且这种测试如果让家长和孩子知道，会带来很大的影响。所以，如果要进行智商测试，最好不要让孩子和家长知道智商的具体数字。因为孩子和家长一般都不会理解这种智力测试的真正价值。他们只会看一些数字，只会认为这种测试结果是对孩子一种最终的、完整的评定，认为测试结果判定了孩子的最终命运。孩子也因此就会觉得这就是对他一生的判断。实际上，把测试结果绝对化

的做法，一直备受人们的批评。在智力测试中获得高分并不能保证孩子的未来成功，相反，那些长大成人以后获得成功的孩子却往往在智力测试中获分较低。

现代教育还存在一个很可笑的现象，如果孩子的智力测试显示的是他的智商并不高，很多家长就会把他们送到培养智力的培训班。培训班里的教师用一些所谓权威的题来让孩子锻炼，让孩子不断琢磨这种测试的价值，直到他们发现其中的窍门和他应做的准备。孩子可以通过这种方式获得进步，积累经验，并在以后的测试中，取得更高的分数。

如果孩子明白了智商的意义，他就会为这些测试所累，加上平时的课业负担，他的压力就会越来越大。孩子是否为沉重的课业负担所累，这也是一个重要的问题。我们不是贬低学校课程中的科目，也不认为要削减这些数量繁多的科目。重要的是，这些科目要连贯和统一。学习科目的教学应该富有趣味，并与实际生活相联系。有些科目可以结合在一起来教。例如，数学（算术和几何）的教学应该与建筑的风格和结构，居住其中的人等联系起来。有些更为进步的学校就有一些懂得把科目相互联系起来进行教学的教学专家。他们和孩

子们一起散步，试图发现孩子对哪些科目更有兴趣。他们力图把某些学习科目结合起来教学，例如，把对某一植物的教学和这一植物的历史、所生长国家的气候等结合起来教学。这些教学专家通过这种方式，不仅激发了学生的兴趣，而且还使这些学生能以融会贯通的方法处理事情，这也是所有教育的最终目的。

如果一个学生特别看重智商的高低，就会把注意力集中到竞争和个人的野心方面来。有的学生不喜欢看到别人遥遥领先，他们或不遗余力地去追赶，或陷入失望，带着主观的情绪看待事物。教师就应该在这个时候给予适当的引导和校正，这就是为什么教师的建议和指导如此重要。教师一句恰当的话会把孜孜于竞争的学生引向合作的轨道，也能把盲目追求上游的学生拉回正常的学习轨道上来，这就是教师对于以智商为题引申出来的最大意义。

不进步，是孩子心理停滞了

恐怕家长和教师之间最多的交流就是问："最近他在学校表现怎么样？""我的孩子有没有进步呢？"当然在对待孩子进步的问题上，我们应该既要考虑教师的意见，同时也要考虑孩子的意见。一个有趣的事实是，孩子在这方面具有良好的判断力。他们知道谁拼写最好，谁绘画最好，谁运动最好。他们能够很好地相互打分。他们有时未必十分公正，不过，他们能意识到这点，并能尽力做到公正。在评价方面，孩子最大的问题就是妄自菲薄。他们会认为"自己永远赶不上别人"，他们的心理往往定格在"自己就是劣等生"的观念上来，不愿意让自己的思想进步。

一个拥有心理定格的孩子永远不会取得进步，只会踏步不前。绝大多数孩子的学习成绩总是变化不大：他们要么最好，要么最差，要么居于平均水平。这种变化不大与其说反映了他们的智力发展水平，不如说反映了孩子心理态度的惰性。它表明了孩子自己局限自己，经过若干次挫折后便不再抱乐观态度了。不过，有些孩子的成绩会不时出现一些相对变化。这一事实很重要：它表明孩子的智力发展水平并不是命中注定，一成不变。

"孩子上学后，教育孩子的任务就全部交给学校的老师了，而作为家长则只需要督促孩子完成家庭作业就可以了。"可是我们别忘了，孩子的学习是在家里，能给予他最多鼓励的就是家长。如果家长能关注孩子受教育的全过程，同孩子一起学习，孩子的进步就会越来越快。教育包括学校教育、家庭教育和社会教育三个方面，分别由学校、家长和社会相关方面担任教育实施主体。学校和老师只能对孩子在校期间的教育负责，在学校的时候孩子的学习是属于受控阶段。而孩子离开学校以后，其教育是属于失控阶段，因此需要家长承担起更多的教育责任。

孩子的身心等各方面正处于一种生长阶段，各方面发育都不成熟，必须要有家长的监督，才能引导其朝一个良好的学习路线上走。家长不能做

"甩手一族",把教育孩子的任务全部交给老师,自己不闻不问。教育不是责怪和比较:"怎么功课还做不好,真笨!","怎么隔壁的小毛考试成绩比你好那么多啊?","这道题我以前不是教过你了吗,怎么又忘记了?"……想必每一个做家长的或多或少都说过这些话吧?其实,在教育孩子的过程中,这些做法都是错误的,因为教育并不是一种责怪和比较,教育是一个长期的持续过程,是需要家长有足够的耐心。

为什么孩子总是对教师的感情亲密,有时候不听家长的话却听教师的话呢?那是因为在孩子成长的每一步,教师都是守在他身旁,陪他一起耕耘一起收获的。因此,家长在伴随孩子成长的过程中需要用的是"进行时态",而不是如"已经教过孩子","已经告诉过"或"已经学过"等的"过去时态"或者"完成时态"的教育方法,更不能对孩子的学习不闻不问。

孤独者多数自卑、不合群,自己把自己孤立起来。在与人积极交往过程中,自己的注意力会被他人所吸引,心理活动就不会局限于个人的小圈子里,性格就会变得开朗。通过与他人交往,能正确认识他人的长处和短处,并通过比较,正确认识自己,调整自我评价,学习他人的长处,从而模仿他人的行为,减少自卑感,从而取得进步。

学习能力也能遗传

一个孩子学习好或者不好的原因可能会有很多的解释,其中一个很常见的解释就是:他的遗传基因好或者不好。很多家长会把智力正常的孩子所取得的成绩归因于特殊的遗传。这也许是儿童教育中最大的谬误,即相信能力是遗传的。能力遗传的说法太容易被家长、教师和孩子当作替罪羊了。每当出现困难,需要人们努力加以解决时,人们就搬出遗传原因来推

卸责任。但是，我们没有权利逃避我们的责任，我们应该永远对那些旨在推脱责任的任何观点持怀疑和否定态度。

一个相信自己能力的教育工作者，绝不可能认同能力是上一代遗传下来的。当然，许多身体条件是可以遗传的，器官的缺陷，甚至器官的能力差异是可以遗传的。不过，连接器官的功能和人的精神、能力之间的桥梁是什么？精神也在体验和经历着器官所拥有的能力水平，并且也要顾及器官所具有的能力。不过，有时精神对器官的能力顾及太多，器官的缺陷就吓坏了精神，以至于器官缺陷消除之后，精神的恐惧却还会持续很久。

喜欢究本穷源的习惯并没有错，不过把能力的大小也追究到上一辈的遗传，那简直是大错特错了。这种思维方式常见的错误就是忽略了我们祖先的众多性，忽略了在我们家族世系中，每一代都有父母两人。这样，如果我们上溯到前面5代，那么就有64位先祖，这64位先祖中毫无疑问会有一位可将其后人的才能归因于他的聪慧才智；如果我们上溯到第10代，那么就会有4096位先祖，其中我们无疑可以发现至少一位可将其后人的才能

第八章 在学校里的孩子

归因于他的出类拔萃。那我们是不是可以说：我们这一代所有拥有的东西都是上一代的遗传，既然是遗传，为什么他们的后代都各个不同呢？

正是因为太多的人相信能力遗传这个观点，才使很多家长在孩子成绩不佳的时候就给予体罚惩罚。他们会认为，其实他们的孩子本来是优秀的，管教好了、多打骂，就会让他醒悟过来，从此成绩就会越来越好。可是他们不知道，孩子成绩不佳很大程度是由于主观方面的原因。

教师是客观的教育者，当然不要相信什么能力遗传的观点。教师还可以对那些具有特殊家庭背景的孩子宽容一点，鼓励他们，而不是把他们赶上绝路。那些成绩老是不佳的孩子会感到心情沉重和压抑，别人不停地说他是学校最差的学生，结果他自己也这么认为。设身处地想一下，我们就很容易理解为什么这些孩子不喜欢学校。这也是人之常情。如果一个孩子总是受到批评，成绩不好，并失去了赶上其他学生的信心，那么，他自然就不会喜欢学校，自然会设法逃离学校。因此，一旦遇到这种孩子逃学旷课，我们也不用感到惊奇。

虽然我们对这种情况的发生不必惊恐万分，但还是应该认识到其中的含义。我们应该认识到，这是一个糟糕的开始，尤其是这种情况通常会发生在青春期的孩子身上。为了使自己不受责罚，他们会涂改成绩单、逃学、旷课，等等。他们会和同类学生混在一起，形成帮派，并逐步走上犯罪道路。

如果家长和其他教育者都认为，没有不可救药的孩子，那么，这一切都是可以避免的。我们认为，总是可以找到方法来帮助这类孩子。即使是在最糟的情况下，也总会有解决的办法。

第九章

在外面的孩子

Crack

Child's

psychological

password

破解孩子的心理密码

赞美教育固然好，但是它和批评教育一样，其存在和使用是有一定的条件限制的，是由很多人为因素所影响的。不能一概而论、广而言之、扩而大之，任何一种理论都不是放之四海而皆准的真理。赞美教育的目的是什么？其目的就是培养孩子的自信心，促使孩子克服困难，努力进取。培养的是自信心，而不是自负心，但是如果过分夸大孩子的优点，甚至是杜撰一些优点来取悦孩子，那么培养的就不是孩子的自信了，而是自负。

孩子成长的"危险暗礁"

我们在教育孩子的时候必须考虑到经济因素对孩子心理的影响。我们必须记住,有些家庭世代经济窘迫,总是满怀痛苦而悲伤地挣扎着生活。这种家庭被这种痛苦和悲伤所笼罩,因而不可能教育出孩子一种健康与合作的人生态度。他们饱受心灵的压抑,总是为经济恐慌所困,因而不可能有合作的心态。

或许大家通过很多电视剧或者小说的情节能注意到,长期的半饥饿或恶劣的环境会对父母和孩子在生理上产生不利影响,而且这种生理影响反过来又会对心理产生重要影响。例如,第一次世界大战前后出生的欧洲孩子,这些孩子出生后就受到父母的溺爱,父母总是担心他们受苦。不过,有时他们却又比较粗心,例如,他们会认为,脊柱弯曲会随年龄增长而消失。他们并没有及时带孩子去看医生。这当然是一个错误行为,而且有些城市并不缺乏医疗服务设施。身体状况不良如果得不到及时治疗,就会成为严重而危险的疾病,并可能留下心理创伤。从个体心理学的观点来看,每个疾病都是心理上一个"危险的暗礁",因此,要尽可能地避免。

如果"危险的暗礁"未能避免,我们可以通过提高孩子的勇气和社会情感来降低它的危险性。事实上,可以说,只有当一个孩子缺乏社会情感时,生理疾病才会对心理产生影响。对于一个感到自己是环境中的一分子

的孩子，危险的疾病对他心理的影响不会像这种疾病对一个被溺爱的孩子的影响那样强烈。

得了百日咳、脑炎和舞蹈病等的孩子的心理很容易出现问题。当然，很多人会觉得这就是疾病造成的心理问题，其实，疾病只是诱发了这些孩子潜在的性格缺陷。患病期间，孩子感受到了自己的力量，他发现他可以控制家人。他看到了父母脸上的担忧和焦虑，知道那完全是他的缘故。病愈之后，他仍想继续成为被关注的中心，并以各种要求来摆布父母，直到达到这个目的。这当然只发生在那些缺乏社会情感训练的孩子身上，因为他们需要以此来表现自我。

这里有个关于一位教师的次子的案例。这位教师曾经为这个孩子很担忧，却又束手无策。这孩子有时离家出走。他总是班里成绩最差的学生。一天，这位教师带他去管教所改造时，发现这孩子得了忧郁型肺结核。这是一个要求父母长时间悉心照料的疾病。这孩子病愈后，却变成了家里最乖的孩子。这孩子所需要的就是父母的额外关注，而疾病期间他得到了这种关心。他以前不听话的原因就是他感到自己生活在有才干的哥哥的阴影之下。因为他没有像哥哥那样得到家人的喜欢，所以就不断地抗争。不

过，疾病使他相信，他也可以像哥哥一样得到父母的喜爱，因此，他就学会了用良好行为来获取父母的关注。

还应该注意的是，疾病经常会给孩子留下难以消磨的印象。孩子对于诸如危险的疾病和死亡等事情，常感震惊和震撼。疾病在心灵留下的印记，会在以后的生活中显现出来。我们会发现有些人只对疾病和死亡感兴趣。其中一部分人会找到发挥自己对疾病感兴趣的正确之道，也就是说，他们成为了医生或护士。但更多的人却一直担惊受怕，疾病的阴影在他们的心里挥之不去，严重妨碍了他们从事有益的工作。有个对100多个人的调查表明，将近50%的人承认，他们一生中最大的恐惧就是想到疾病和死亡。

因此，家长要注意避免孩子在童年期间太受疾病的影响。他们应该让孩子对此类事情有所准备，避免他们受到疾病突如其来的打击。要给孩子这样的印象：生命纵然有限，关键是要活得有意义。

"不知情表扬"下的自负孩子

"表扬教育"一直以来被人们放在很高的位置，许多家长觉得这种如"宝宝真乖！""干得真好！""做得漂亮！""你是最好的！""你是非凡的！"之类的赞美，就像赞美圣母玛利亚一样平常、自然。

赞美教育固然好，但是它和批评教育一样，其存在和使用是有一定的条件限制的，是由很多人为因素所影响的。不能一概而论、广而言之、扩而大之，任何一种理论都不是放之四海而皆准的真理。赞美教育的目的是什么？其目的就是培养孩子的自信心，促使孩子克服困难，努力进取。培养的是自信心，而不是自负心，但是如果过分夸大孩子的优点，甚至是杜撰一些优点来取悦孩子，那么培养的就不是孩子的自信了，而是自负。

有一个小学教师无奈地说："唷,现在的孩子真是难教育,老师根本不敢管,浑身是缺点,不敢批评,一批评马上就又哭又闹。家长也听不得对孩子的批评,只能小心翼翼地伺候着。一不小心,孩子受了一点委屈,马上就向学校反映。"这就是当前教育中让教师头疼的事情。

赞美是一种贴合实际的赞美,并不是一味的、没有原则的赞美。其实,我们很明白,什么是值得赞美的、表扬的,而什么又是值得批评的、指责的。所以,在赞美的时候,请想一想,是否真的值得赞美;在表扬的时候,请想一想,是否真的值得表扬。只有在进步、正确、有利引导的情况下,正确的表扬、赞美才能培养孩子自信心,否则,只能是把你的孩子带到自负、狂妄、以自我为中心、没有正确的是非观、拥有扭曲的真善美的道路上,毁掉孩子的一生。

还有一种赞美来自孩子的熟人。他们喜欢逗孩子开心,或在最短时间内做那些可以给孩子留下印象的事情。他们对孩子高度赞扬,会使孩子变得自负起来。这些人在与孩子短暂的相处中,会尽力宠爱、纵容他们,从而会给孩子的正常教育带来麻烦。所有这些都应该加以避免。而不应该让陌生人干扰了家长的教育方法。另外,陌生人通常还会弄错孩子的性别,称男孩是"美丽的小女孩",或称女孩为"漂亮的小男孩"。这也应该避免,其理由会在"青春期"一章来讨论。

家庭环境对孩子的成长太重要了,所以说,家长的赞美和批评都会对孩子产生很大的影响,适当的批评和赞美都是对孩子负责任的一种表现,也是建立孩子自信的基础。

让孩子和陌生人说话

许多孩子在早期都有认生的现象,那是家长早期教育的结果:他们教育孩子千万不要接近陌生人,不过孩子迟早是要融入社会的。到了孩子4岁左右,就应该鼓励他们和其他的孩子一起做游戏,应该训练他们不害怕陌生人。否则,这些孩子以后与人交往时会脸红、胆怯,并对他人怀有敌意。这通常会发生在被宠坏的孩子身上。这种孩子总想"排斥"他人。

家长如果早点注意到孩子在融入社会方面的需求,就能让孩子的交往能力比别的孩子略胜一筹。如果一个孩子在三四岁间受到良好的养育,如果他们被鼓励和其他孩子一起做游戏,并富有集体精神,那么,他不仅不会在与人交往时脸红、胆怯和以自我为中心,也不会患上神经官能症或精神错乱。只有那些生活封闭、对人不感兴趣和无法与人合作的人,才会患上神经官能症和精神错乱。

我们的孩子迟早要融入社会,对他们而言,周围的大部分人都是陌生人。除了家长之外,孩子在遇到困难、恐慌的时候,多数时间只有陌生人才会给他们提供帮助。所以要鼓励孩子多与陌生人交往,当孩子遇到麻烦时才会有信心向陌生人寻求帮助。

从来不与陌生人打交道的孩子更容易受到坏人的诱骗。因为他们不与陌生人打交道，所以也就没有经验，没有机会增强自己的判断能力。搞不清面对的陌生人是安全的还是危险的，因此最好多和他们一起与陌生人打交道，例如，向陌生人问路。当你与孩子一起和陌生人交谈时，孩子就会学到哪些人是可以接近并可以寻求帮助，哪些人是不可以接近的。久而久之，孩子就有了判断陌生人是否友好的标准。

当你和孩子逛商场时，可以与一个陌生的女士交谈，陌生女士走后，你要告诉孩子："那位女士是陌生人。如果你在商场里找不到妈妈了，陌生人会帮助你，但你一定要记住，千万不要跟他到别的地方去。"这类话要经常重复，这是很重要的，因为孩子记得快忘得也快，你必须不断向孩子灌输这种观念，孩子才能记得牢。

孩子在六七岁的时候，可以鼓励他单独与陌生人交谈，例如，向一个陌生人问时间，不过要在你的视线范围内。孩子回来后你要与他讨论，为

什么要选择那个人问话，对话是如何进行的……孩子会渐渐学会照顾自己，知道怎样与陌生人打交道，如何中断与陌生人不适当的谈话等。

通常情况下，家长只是简单地告诉孩子做什么、如何做才是安全的。现在这种方法该改一改了，家长应给孩子提供几种方案，让他们自己做出选择。这样，孩子就会慢慢地建立起信心，当离开家长自己活动时，他们就会想出解决问题的办法。当然，如果你觉得情况超出孩子的能力范围，不要犹豫，赶紧过去帮一把。

家长应告诉孩子，对于陌生人问路、敲门进屋，称其父母要来人把自己带到某处或请求协助寻找丢失的宠物之类的事时，应保持警惕，这是犯罪分子诱拐儿童的普遍策略。例如：有的陌生人装作认识你，叫出你的名字（其实他可能是看到了绣在你衣服上的名字或跟踪你时听到有人这么称呼过）；有的自称是消防人员，编造你家房子着火的紧急情况；有的谎称是家长的朋友，要将你带到父母那儿，等等。家长应告诉孩子：在未得到爸爸妈妈的亲口允诺下，都不能跟着陌生人甚至是警察和消防员走。

学龄前的孩子总的来说对事物的判断能力较差，家长的保护性措施是首要的。例如，尽量不要让孩子单独在家或与陌生人打交道。另外，孩子在独处时往往会产生巨大的恐惧，这对他们的心灵会产生负面影响。有些父母认为，独处可以培养孩子的独立能力，这其实是一种误解。独立能力自然要培养，但必须把握时机，时机抓不好，就会有相反的效果。

大起大落的环境会影响孩子性格

在讨论家庭环境对孩子的影响时，我们更注重的是家庭环境的改变对孩子的改变，却很少顾及家庭的经济变化对孩子的不利影响。例如，富裕

的家庭突然陷入困顿，特别是在孩子年幼的时候家庭就遭遇的这种变故，会给孩子的成长带来明显的不利影响。这种变故对被宠坏的孩子来说尤为难以忍受，因为他过去已经习惯了被人宠爱和关注。他不免总是怀念以往的优越生活，他会觉得之前可以依赖的家庭突然间变得没有那么强大了，他会在心理上失去依赖感，从而影响到自己的生活。

家庭暴富也有可能对孩子的成长产生不利影响。这样的家庭，或许家长还没有做好家庭富起来的心理准备，所以在对孩子经济生活的把控上就很有可能犯错误。之前清贫的生活让他们觉得，孩子受了太多物质上的委屈，那么现在生活富裕了，是不是该多宠爱和纵容他们一下，并且以现在的状况也没有必要再像以前那样对钱斤斤计较了。这样造成的后果很可能就是：孩子不仅在物质的消费上犯错误，还会在心理上失去把控。在生活中不乏普通人家的孩子心理很正常，而暴富家庭的孩子出现心理问题的现象。

第九章 在外面的孩子

其实这些问题都是可以避免的,所有这些处境犹如一个个敞开的大门,孩子借以逃避了合作精神和能力方面的训练,所以家长一定要留意孩子的心理问题,从而帮他们找出解决的办法。

除了暴穷和暴富,不正常的精神环境也会对孩子的成长造成影响。例如,如果父亲或母亲做了不光彩的事情,这就会对孩子心理产生极大影响。他会对未来感到害怕和恐惧,总想躲避同伴,担心被人发现自己是这种父母的孩子。我邻居的一个女孩曾经有十年都没有叫过她的爸爸,虽然她在表面上也很尊敬父亲,从来没有顶撞过父亲,但是她却不叫爸爸。父母一直都不知道什么原因,父亲也一如既往地爱她。后来通过对她的了解才知道,原来,她对自己的父亲产生了误会,她不知道从哪里听来的消息说,他的父亲和另外一个女人混在一起,对她的母亲不忠诚,所以她在心里就产生了对父亲的排斥甚至厌恶。好在最后误会解除了,这个女孩才开始重新叫她的爸爸了。

看来家长和孩子的沟通真的是太重要了,我们不仅有责任教育孩子阅读、书写和做算术,还要为他们创造一个健康成长的心理环境。这样,孩子就不会比其他孩子承受更大的痛苦。试想想,在一个家庭中,如果父亲是个酒鬼,脾气暴躁,母亲整天泡在麻将桌上,那么他们的行动将会对孩子造成很大的影响,付出代价最多的也是孩子。

如果孩子在童年受过心理上的伤害,那么以后就很难恢复。当然,如果孩子学会与人合作,这些经历的影响也可以消除。不过,这些经历造成的创伤却妨碍了与他人的正常合作。这也是近年来学校儿童咨询诊所兴起的原因。如果家长因为这样或那样的原因未能履行自己的职责,那么,经过心理学训练的教师将承担起他的责任,指导孩子走向健康的生活。

隔辈人的"最爱"会危及孩子

在孩子的成长中，除了父母的抚养和关爱外，还有很多亲戚在孩子的成长中起着非常重要的作用，首先就是祖父母。其实，随着年龄的增长和退休生活的到来，祖父母应该有更多的个人空间来做自己感兴趣的事情。可是在这个时代却完全相反。老人感到被社会抛弃，被晾在一边，待在角落里。过去祖父母的任务比较繁重，他们可以用自己余生的精力去带他们的孙子。可是随着社会的发展和人们思想的发展，越来越多的年轻人不想把孩子托付给自己的父母了。于是，祖父母会觉得自己的晚年生活非常凄凉。

祖父母想和他们的孙子辈在一起，他们也总是试图证明他们仍然充满活力，仍然对这个世界有用。为此，他们总是干预孙子、孙女的教育问题，并用一种灾难性的方式去证明自己仍然懂得如何教育孩子，即对孩子呵护备至，甚至有时候到了溺爱的程度。

当然了，祖父母的这种感情出发点是很好的，但是我们应该让他们知道，孩子需要作为一个独立的个体而长大成人，而不应该成为他人的玩物，也不应该把他们牵涉进家庭的纠纷里。如果祖父母和孩子的父母发生争论，那就让他们去争论吧！但是，千万不要把孩子卷进去。

祖父母因为和孙子辈的年龄、思想差异太大，所以在教育中就不免有不理想的地方。事实证明，那些从小在祖父母身边长大的孩子，他们患精神疾病的机会要比那些在父母亲身边的孩子大。他们基本上都曾是祖父或祖母的"最爱"。我们很容易理解为什么祖父母的"疼爱"会导致孩子后来的心理疾病。因为所谓"最爱"要么意味着溺爱、纵容，要么意味着挑起孩子间的相互竞争或相互妒忌。许多孩子会对自己说"我是祖父的最爱"，这样，他们一旦不是其他人的"最爱"时，就会感到受伤害。

还有一种现象对孩子的成长也起着非常重要的作用，这就是孩子周围"聪明的表兄弟姐妹"。他们的存在会让孩子感到压力。有时他们不仅聪明，而且漂亮。当人们对一个孩子提起他的表兄弟或表姐妹不仅聪明而且漂亮时，不难想象，这会给孩子带来苦恼。如果这个孩子很自信且具有社会情感，他就会理解，所谓聪明仅仅意味着"获得了较好的训练或准备"，那么，他自己也会找到变聪明的方法。不过，如果他像多数人那样认为聪明是上天赐予的，是天生的，那么，他就会感到自卑，感到命运不公。这样，他的成长就会受到阻碍。

长得漂亮当然没有什么错，可是在当代社会，漂亮的价值被过于夸大了。不管是在职场中，还是在生活中，很多外貌问题都被人夸大了，很多孩子嫌自己没有表兄弟长得好看，而不愿意和他们在一起玩耍，甚至在很多年以后，大家都成家立业了，他还会记得当初对漂亮表兄的嫉妒和羡慕。

要想消除由于别人外貌而给孩子带来的影响，就一定得让孩子认识

到，健康和与人相处的能力要比外表美更重要。我们要告诉孩子，长得漂亮虽然很好，但是外貌美没有那么重要。告诉孩子努力才是实现成功的重要途径，不要和别人比较相貌，这不能让我们走向成功。

孩子的阅读领域

在带孩子进入阅读领域的时候，家长心里要很明确，什么样的书才可以给孩子阅读。孩子只能读童话故事吗？像《圣经》这样的图书能让孩子读吗？在带孩子进入阅读领域的时候，我们要强调的一个理念是：孩子对事物的理解和成人完全不同。孩子是根据自己独特的兴趣来理解事物的。如果他是一个胆小的孩子，他就会在《圣经》和童话故事中寻找赞成他胆小的故事，从而使得他永远胆小。童话故事和《圣经》的段落需要加上评论和解释，使得孩子理解其原意，而不是让他主观臆测。

带孩子看童话故事当然没有错，但是别忘了，童话里的故事和我们现实的生活还是有一定距离的。但是孩子不明白这个道理，这就很难理解其中的时代差异和文化差异。他们阅读的是在与现代完全不同的时代创作的故事，并没有考虑到世界观的差异。故事里总有一个王子，这个王子也总受到赞扬和美化，他的整个性格总是以迷人的方式被展现出来，孩子就很可能觉得说不定自己以后也会变成童话里的王子，甚至在梦里他们也会产生一种幻觉：自己是一个王子，和公主快乐地生活在了一起，他需要什么都有国王给他提供。这个时候，我们就要让孩子知道，王子的故事其实是人们的想象和幻想。否则，他们在成长过程中遇到困难时，总是想寻求不费力气的捷径。我记得小时候父母问我的理想时，我就说："我要变成海底世界的动物，因为那里可以天天玩水！"

当然了，童话故事可以作为提高孩子合作精神和扩展视野的一个工具。不过在看童话电影的时候，要多给予孩子一些帮助。我们可以想到，你带一个八个月的孩子去看任何电影都没有问题，因为他们根本不知道电影是什么。不过，稍大的孩子就很容易误解电影的内容。他们甚至会经常误解童话剧的含义。如果我们带一个5岁的孩子去看一部白雪公主的电影，如果我们不在他的旁边解释的话，那么多年以后，他仍然相信这个世界上存在卖毒苹果的妇人。这就需要家长在孩子阅读和看电影的时候给予阶段性和明确的指导，让孩子慢慢体会到童话故事可以为我们带来什么。

让孩子看报纸也是一样，一般报纸里代表的都是成人的观点，和孩子的世界相去甚远，所以最好不要让孩子阅读报纸。当然了，现在社会上也有一些儿童报纸，但那毕竟太少了，里面也都刊载的是成人的观点和内容。因此，应避免孩子阅读报纸。

孩子的阅读主要集中在童话故事方面，虽然这只是影响孩子成长的外在因素中的一小部分，却是最重要的部分。如果家长能把孩子的阅读问题处理得很好，那么孩子的学习也就进入了一个良性的循环，为以后小学、中学阶段的学习打下良好的基础。

第十章
青春期的孩子

Crack Child's psychological password

破解孩子的心理密码

　　有些孩子在青春期到来的时候开始变得独立自主、学习出色，显示他们走上了健康的发展之路。相反，有些人则在青春期停止了成长。他们找不到自己合适的位置，不断折腾——不停地变换学校。否则，他们就会无所事事，根本不想学习。这些问题并不是在青春期才产生的，它们只是在青春期时才清晰地浮出水面而已，它们是过去形成的。如果我们真正了解一个孩子，如果我们给他更加独立地表达自我的机会，而不是像他在童年时那样处处被监视、监护和限制，我们就能预测他在青春期时的表现。

过于苛刻对孩子没什么好处

在孩子的教育问题上，青春期这个阶段可以说是非常重要的时期，这个重要性完全可以超过我们人生的任何时期。当然了，每个人在青春期的表现不尽相同。我们会在班上发现各种类型的孩子：有的积极进取，有的懒惰笨拙，有的整洁干净，有的邋遢肮脏，等等。我们也发现，有些成人，甚至老人的举止言行仍像青春期的孩子。

对于成人还像青春期的孩子现象其实并没有什么可奇怪的，因为许多成人在青春期阶段就停止了成长。青春期是所有个体必经的成长阶段，可是并不是说，只要经过青春期的人就会改变，有的人在青春期过后也还是原来的自己。

有些孩子在童年时被看管得太严，他们未曾体会到自己的力量，也不能表达自己的想法。一旦到了青春期这个快速的生理和心理发展期，这种孩子的言行举止似乎像摆脱锁链一般。他快速成长，人格稳步发展。相反，有些孩子却在青春期阶段停止了成长，并回顾和依恋过去，找不到当下成长的正确之道。他们对生活失去了兴趣，变得性格内向。他们没有表现出童年时被压制而在青春期寻求发泄的能量爆发的迹象，相反，却表现出他们在童年曾受到溺爱，并因此被剥夺了对生活的适当准备。

青春期是个很有趣的人生阶段，这是因为，这个时期的孩子比童年的

时候更接近成人，因此许多成人能和这个时期的孩子走得比较近。也更容易看清楚这个时期孩子的生活态度。家长会发现，有的孩子在青春期的时候变得比以前更愿意和家长交流了，其实也是这个原因。但是大部分的情况都是相反的：到了青春期，孩子会穿上一层厚厚的刺猬壳，拒绝和任何人交流，这就是他们失去了社会兴趣的原因。一个太缺乏社会兴趣的人，其社会兴趣有时会以夸张的形式表现出来。这些处于青春期的孩子的社会兴趣失去了一种分寸感，一心只想为了他人牺牲自己的利益。他们的社会兴趣过于强烈，从而会阻碍他们自己的成长。青春期的孩子之所以失去社会兴趣是因为，他们处在两个年龄段的罅隙，和上面接不上，和下面又联系不了，于是他们只有选择沉默。我们经常会看到这样的孩子：他们到了14岁就离家出走，断绝和老同学、老朋友的接触和联系，更不会让家长找到他，而建立起新的人际关系又需要很长的时间。在这段时间，他们感到与社会完全隔离。

有些孩子在青春期到来的时候开始变得独立自主、学习出色，显示他们走上了健康的发展之路。相反，有些人则在青春期停止了成长。他们找不到自己合适的位置，不断折腾——不停地变换学校。否则，他们就会无所事事，根本不想学习。这些问题并不是在青春期才产生的，它们只是在青春期时才清晰地浮出水面而已，它们是过去形成的。如果我们真正了解一个孩子，如果我们给他更加独立地表达自我的机会，而不是像他在童年时那样处处被监视、监护和限制，我们就能预测他在青春期时的表现。

很多家长对青春期的问题非常敏感，于是对孩子管教过严。他们一味地认为，这个时期的孩子要是不管一定会变坏，但是他们的过严管教激发了孩子的反叛心理，一轮又一轮的家庭战争便开始了。其实我们不妨用前面说的"视而不见"的教育方法对待这个时期的孩子。当事情到来时，不要一味指责孩子，而是在适当时候给予他足够的鼓励和教育，这样才能让孩子平稳度过青春期。

青春期了，就想脱离家庭了

青春期的感情问题是个非常敏感的话题，因为每个人在这个时候都容易发生青春萌动，而这个时期又是家长认为的学习的最危险时期，所以很多爱情小说都是在这个时期出现的。青春期有爱情吗？问题的答案仍然与他青春期之前的生活密切相关，只不过青春期强烈的心理活动使得这个答案更为清晰、准确。

其实，很多处在青春期的孩子并不是急于得到爱情，他们很清楚自己应该在这个阶段干什么，只不过由于家长太敏感，他们在青春期被太多目光监视，即使和平时一样的表现也会被家长发现"蛛丝马迹"来。有些青春期的孩子对待爱情问题既理智又幻想，他们或是浪漫，或是勇敢。而不管是浪漫还是勇敢，他们都显示了正确地对待异性的行为规范。

还有一种青春期的孩子，他们对待性的问题非常羞怯，他们太注重自己在家人面前的形象从而约束自己的思想和行为。有的孩子因为从小就受到家长的制约，在青春期会表现得格外胆小。如果他在童年受到过不公正的待遇，那么他的青春期就更加敏感了，因为父母更偏爱其他的孩子。结果，他认为自己应该勇往直前，做事也傲慢自大，拒绝一切诉诸感情的事情。因此，他这种对于异性的态度是他童年经验的体现。

很多青春期的孩子非常渴望离开家庭。这是因为他们对家里的情况感到不满，这时便寻求机会断绝与家庭的联系。他们不再想被家庭供养，虽然这种供养对孩子和家长都很有好处。否则，万一孩子遇到难以克服的困难，他们会把这种失败归因于缺乏家长的帮助。

同样的离家倾向还表现在那些住在家里的孩子身上。不过，这些孩子的离家渴望要弱一点。他们会利用每一个可能的机会在外过夜。自然，晚间出去的诱惑力更大，因为晚间出去肯定比安静地待在家里更容易找到乐子。这也是对家庭无声的指控。他们在家里感到不自由，感觉总是受到监视和看管。因此，他们从没有机会表现自我，也没有机会发现自己的错误。

很多家长对青春期的孩子没有一个清醒的认识，对孩子的心理发展后知后觉，看到孩子不同以往的表现，只是一味强调孩子"不乖了"、"逆反了"等，情绪就会烦躁不安，进而直接影响对孩子无端干涉的频率、范围和方式，引起进入人生第二加速发展期的孩子的强烈不满。殊不知，青春期是个体长大过程中非常重要的年龄阶段，它悄然而至，且有明显的生理发育表征（第二性征）和心理变化的外部表现。

我们做家长的，如果能认识到青春期这个特殊的时期，在孩子的教育上多投入些时间，及时捕捉到孩子的种种变化，欣然迎接孩子的青春期，坦然面对青春期出现的问题，相信这样，与青春期孩子的沟通就会自然、顺畅得多。

假勇敢，真怯懦

到了青春期，很多孩子变得和以前不一样了，尤其是有些女孩会表现出厌恶自己的女性角色，她们喜欢模仿男孩子。这是因为模仿青春期男孩的坏毛病，如抽烟、喝酒和拉帮结派，比模仿工作努力者要容易得多。这些女孩会找借口说，如果她们不模仿这些行为，男孩就不会对她们感兴趣。如果对青春期女孩的这种男性抗议加以分析，我们就会发现这些女孩即使在早年也从未喜欢过自己的女性角色。这种厌恶一直被掩盖着，直到青春期才明显地表现出来。因此，家长对青春期女孩的这种行为的细心观察是非常重要的，因为我们以此可以发现她们如何对待自己将来的性别角色。

青春期的女孩有反常现象，男孩也有，青春期的男孩经常喜欢扮演一种聪明、勇敢和自信的男人角色。在外人看来，青春期的男孩很胆大，什么都敢做，什么都敢说，其实这都是表面的现象。他们之所以这样表现，是因为他们想成为别人眼中真正的、完美的男人。我们也可以发现，有些男孩极端男性化，把男性的人格特征发展为极端的恶习。他们酗酒、纵欲，甚至仅仅为了表现和炫耀他们的男子气而不惜犯罪。这些极端化的恶习常常表现在那些想获得优越感、想成为领袖和想令人瞩目的男孩身上。尽管这种类型的男孩气势汹汹、野心勃勃，但他们的内心通常都比较怯懦。近来美国就有一些臭名昭著的例子，如希克曼、勒奥波德和罗伯。研究一下这种人的履历，我们就会发现，他们总是寻求一种不费气力的生活，总是寻求一种无需努力的成功。这种人虽然积极主动却没有勇气，这恰恰是有罪犯特征的孩子。

和上面的过分表现自己男人气的孩子不同，还有一种男孩因为他们过去曾在男性角色教育上存在缺陷和不足，于是，这种缺陷会在青春期暴露出来。他们往往脂粉气十足，举止像个女孩，甚至模仿女孩的坏习惯，如卖弄风情、忸怩作态。这些孩子是因为在之前受了太多女孩似的教育，以至于他们不知不觉就变得和女孩很像。

还有些孩子会在青春

期第一次殴打家长,这是因为他们在青春期受到了太多的不公正的待遇,他们觉得自己受了太多的委屈,他们无处发泄,又觉得在家里受禁锢太深,于是所有的愤怒都宣泄到了自己的家长身上。

做家长的不妨这样想:"既然我限制的结果是叛逆,为何不适当打开一个口,让孩子看到自由的希望,结果或许皆大欢喜呢。"家长对孩子的教育要松紧有度,尤其是青春期的孩子。在孩子最叛逆的时候是不太适合絮絮叨叨说教的。不妨,我们行动多一些,给孩子一些行动上的"实惠",少一些管制,少一些教条,多一些宽容,多一些理解,这样,家长和孩子的道路都会宽一些。

把更多的关心留给"胆小鬼"女孩

每个孩子在青春期都会有这样一个问题:他们觉得这个时期自己已经是成人了,他们也经常用行动和语言去证明自己已经不再是一个孩子。这真的是一个很危险的感觉,因为每当一个人感到自己必须证明什么的时候,他就可能会走得太远,做得太过。青春期的孩子自然也是这种情形。

如果孩子在青春期出现这种现象,那么我们要做的是什么?我们应该向他们解释并指出,他们不必向我们证明自己不再是个孩子了,我们不需要这种证明。由此,我们也许可以避免他们的过度行为。

一些在青春期的女孩常会有这种表现,她们总是会夸大对男性的喜爱。在面对一些影视剧和杂志上的一些男人时,她们也会在父母面前表现出超乎寻常的喜爱,这种女孩总是和母亲争吵,总是认为自己受到了压制。为了惹母亲生气,她们会和任何自己遇到的男人搭上关系。因为这是自己的母亲最不愿意看到的现象,所以当她们看到母亲因为自己而生气万

分时，就感到非常开心。许多因为和母亲吵架或父亲过于严厉而离家出走的女孩，还会和男人发生初次性行为。

　　父母对青春期女孩管教过严的初衷是：让她们做乖乖女。可是时常会发生的现象是，他们的女儿因为受压制太厉害而变成了一个坏女孩。其实最大的错误不在于这些女孩，而在于她们的父母。因为他们没有帮自己的女儿为她们必然要遭遇的情境做好准备。他们过去总是想把她们保护起来，却没有训练她们具有避免青春期陷阱所必需的判断力和独立性。

　　有的女孩在青春期没有出现问题，但是在后来的婚姻中却有问题了。这个原因是一样的，只不过青春期的时候没有爆发出来而已。

　　有个15岁的女孩，她有个总是患病的哥哥需要母亲照顾。这样，她在很早的时候就感受到父母对她和哥哥之间关注的差异。她出生的时候，父亲也病了。于是，她母亲不得不照顾父亲和哥哥，这对缺乏父母关注的女孩来说，无疑是雪上加霜。她看到哥哥和父亲受到关注和照顾，内心也强烈地渴求这种关心和关爱。不过，她在家庭里得不到这种关爱。特别是不久她妹妹又出生了，于是，她仅有的一点关注也被剥夺了。就像是命运的安排，她妹妹出生时，她爸爸便病愈了，这样妹妹便获得了比她作为婴儿时更多的关爱。这些事情一般是逃不过孩子的眼睛的。

　　这个女孩便引出了我们前面说的话题，孩子会用一些行动来引起家长的注意。这个女孩成了班里最好的学生，受到老师的关注。由于她成绩好，老师建议她继续学习，去读中学。中学的时候，这个女孩的成绩渐渐下滑，她的老师也开始对她失去关注，再加上家庭缺少温暖，她不得不到其他地方寻找这种关爱。于是，她便出去找个关爱她的男人。她与这个男人同居了两周，这个男人很快就厌倦了她。后来她四处游荡，她的父母也在四处寻找她，后来她父母突然收到她的一封信，信中说："我服毒了。不要担心我，我很幸福。"显然，在她追求幸福和关爱失败之后的想法就是自杀。不过，她没有自杀，她只不过用自杀来吓唬她的父母，并以此获得他们的原谅。她继续在街上游荡，直到父母找到她，并把她带回家。

如果这个女孩的家长和老师都认识到，女孩之所以变坏，是因为缺少关爱而引起的。如果他们都多给予她一些爱，那么之后的悲剧就不会发生，这个女孩也会像所有的女孩一样快乐成长，结婚生子，拥有一个美满的家。

别避讳跟孩子谈性

有些父母羞于与孩子谈"性"，其最大的原因是他们把孩子理解的性和大人的性行为等同起来，形成一种狭隘的思想，所以他们觉得在孩子面前说性是一件大逆不道的事情。

有这样的现象：如果孩子喜欢吃甜点，当孩子食欲旺盛，但你却一直

不拿甜点给他，那么孩子会怎么办呢？他肯定会想尽办法去找。说不定，想吃甜点的孩子最后还真会找到，或者他找到的是已经发霉了的蛋糕或是别的甜点，但是因为他特别想吃，就会不管不顾了。性教育也是这样，对于一个求知欲强、充满好奇的孩子来说，如果家长老是支支吾吾地不肯正面回答他的问题，结果又会如何？ 而当他四处寻找时，孩子肯定会想尽方法去满足自己。有时候难免会得到目的之外或逾越那个年龄范围的东西，可是孩子自身并不知道那是错误的，只因为家长不曾教导过他，于是一味任凭自己去找寻摸索。结果，孩子可能因而犯错或导致失败。这时，家长应该责备孩子吗，或者应责怪自己没有选择适当的知识教导孩子？

孩子的模仿能力很强，尤其是在影视剧上看到的一些画面，他们虽然不懂，但也特别爱模仿。性的问题也是一样。家长以为孩子还小，不懂事，所以完全忽略对这方面问题的注意，这也是儿童性教育的误区所在。有个6岁孩子是这样的：他和女孩玩耍的时候让那个女孩脱了裤子躺下，然后自己也脱了裤子骑在小女孩身上，另外一个小男孩在一旁看着。正巧这被邻居看到，并告诉了那个小男孩的母亲。母亲愤怒极了，当她举起手要狠狠揍儿子时，问了一句："刚才你干了什么？"孩子天真地回答："骑大马！"儿子还高兴地告诉她和谁在一起玩的，看着孩子言谈当中露出一派天真无邪的神情，这位母亲不知该如何做了。

对于一个6岁的孩子，粗暴既不公平，也解决不了问题。在孩子的成长过程中，如果性的问题得不到正确的指引，那么他会带着问题进入成年。家长要告诉孩子不能这样做的道理，还要告诉孩子应该做些什么样的游戏。

性教育一直都被人们过分夸大了，许多人对于性教育问题简直到了失去理智的地步。他们主张在每个年龄阶段都要进行性教育，并夸大因对性的无知而带来的危险。不过，如果我们观察一下自己和他人过去在性教育上的经历，我们既没看到有这些人所谓的问题，也没看到有这些人所谓的危险。

孩子在2岁左右的时候，我们就可以告诉他们自己是男孩或是女孩，还应该向他们解释，他们的性别是不可以改变的。男孩长大成为男人，女孩长大成为女人。孩子知道了这些，即使他们缺乏其他的性知识，也不会带来什么危险。到了孩子七八岁的时候，尤其是女孩，就要向他们传授一些第二性征的知识，并且教会他们男孩和女孩之间交往的禁忌和方法。

性教育不仅仅是向孩子解释性的生理知识，还涉及正确的爱情观和婚姻观的培养问题。这个问题和孩子的社会兴趣是密切相关的。如果他缺乏社会兴趣，他就会对性玩世不恭，并完全从自我欲望的满足来看待与性有关的事物。这种情况常常发生，也反映了我们文化的缺陷。女性是受害者，因为我们的文化更有利于使男性发挥主导作用。不过，男性实际也深受其害，因为这种虚幻的优越感使他们丧失了对最基本的价值的关注。

有的家长不知道什么时候开始对孩子进行性教育。其实不必拘泥于具

体数字，可以等到孩子对此开始好奇，开始想知道这方面情况的时候，再告诉他们。如果孩子太过羞怯而不愿意问这方面的问题，那么，关注孩子需求的家长总会知道什么时候该主动告诉他们这方面的知识。举个简单的例子，如果对一个小女孩的教育到位，那么她就会很期待自己变成"女人"的那天，期待"例假"的到来，相反，如果教育不得当，女孩就会很害怕这些问题的到来。

辨别性早熟的真假

性发育很早就开始了，实际上，在孩子出生后的数周就已经开始了。他们也会故意刺激性的敏感区域，这就说明，婴儿肯定也能体会到性快乐。有的家长看到孩子有"越轨"的行为就一把把孩子的手打出去，这是最欠妥的做法。还有的家长认为，孩子刺激自己的性器官就是性早熟。当然了，这不算是早熟，这只是一种本能的活动，家长一定要注意到。

如果孩子出现抚摸自己性器官的现象，家长不要大惊小怪，当然肯定是要阻止的，但是不要把问题搞得太过严重。如果孩子发现我们对此类事情太过担心和忧虑，出于反叛心理，他们以后肯定还会这样做。孩子的这种行为常常会使我们认为他们已经沦为性欲的牺牲品，而实际上，他们只不过把这个习惯当作炫耀的工具。孩子通常会玩弄自己的性器官，因为他们知道家长害怕他们这么做。这和孩子装病的心理是一样的，因为他们注意到，一旦生病，他们就会得到更多的宠爱和关爱。

为了避免孩子养成刺激自己性器官的坏毛病，家长不应该太过频繁地亲吻和拥抱他们。尤其是处于青春期的孩子。我们也不要从精神上刺激孩子的性意识，尽量避免让孩子看到计算机中或者夹在书里的刺激性图片，更不应该让孩子看到关于性主题的电影。不过现在很多影视节目又不可避免地出现一些过分的画面，这个时候家长一定要给予适当引导。可以告诉孩子，这是成年人之间由于爱情才会发生的，孩子长大了以后也会遇见，只不过现在还不是时候。这样孩子就会在心理上给自己定下一个规矩，不会让自己轻易越轨。

如果我们能使孩子避免所有这些形式的、过早的性刺激，那么我们就没有什么可担心的。我们只需在恰当的时候给予孩子简单的解释，不要刺激孩子的身体和性意识，给予他们真实、简洁的回答。重要的是，如果我们还想拥有孩子的信任的话，就不要欺骗孩子。如果孩子信任自己的家长，他就会信任家长对于性的解释，就会对来自同伴的、关于性的解释大打折扣（我们90%的关于性的知识都来自同辈人）。家庭成员之间的相互合作、相互信任和朋友般的关系，比那些在回答有关性问题时所使用的、自以为是的各种回避、托词要远为重要。

还有一个值得一提的问题是，孩子还小的时候，千万不要让孩子看到父母做爱的场面。如果孩子看到了，可能会去模仿。而性经历太早的孩子，以后通常都会对性失去兴

趣。最好不让孩子和父母同睡一屋，当然，也不应该同睡一床。兄弟和姐妹也不应该睡在一屋。父母应该留意孩子是否行为得当，也应该留意外界环境对孩子的影响。

　　对孩子的性教育和其他方面的教育一样，最为重要的原则就是家庭内部的合作和友爱精神。有了这种合作精神，有了早期关于性别角色的知识，有了男女平等的观念，孩子才会很好地应付将来可能遇到的任何危险。重要的是，他们已准备好以健康的心态去迎接未来的人生。

第十一章
父母和教师的失误和责任

Crack Child's psychological password

破解孩子的心理密码

教育孩子应该随着时代的发展，善于利用新观念、新方法和新理解，而不是盲目地和以前一样。现在什么学科都提倡用科学的办法，我们的教育更是要和科学结合起来。只有用科学的方法理性对待自己的孩子，才能更加理解孩子，给予他们更多的帮助。

作为家长和教师来说，如果能对孩子的行为做具体分析，宽容地对待孩子，这会起到良好的教育效果，就像给孩子指明一条宽阔的大道，让孩子在做错事的时候有一个出口，有一个改正的机会。

大男孩和小男孩的不同教育

　　教师和家长如果在孩子的教育上失去信心，孩子自己更会因为没有得到肯定而变得绝望。教师和家长一定要记得：不能因为孩子没精打采、冷淡和极端的态度和行为而滋生失败之想。同时也不能受到孩子有天赋和没有天赋之类的迷信说法的影响。为了让孩子更好地学习和生活，家长和教师一定要努力给予他们更多的勇气和更多的自信，要教导他们，困难不是不可逾越的障碍，而是我们遇到并要加以征服的问题。一分耕耘，未必总有一分收获。不过，诸多成功的案例还是足以补偿那些没有取得预期结果的努力。

　　有个12岁的男孩，他得过佝偻病，直到3岁才学会走路。快4岁的时候，只会说少量单词。4岁时，他妈妈陪他去看心理医生，医生告诉她这孩子没法矫正。不过，妈妈并不相信这点，并把孩子送到一家儿童指导学校。这孩子在学校进步缓慢，学校对他帮助不大。孩子6岁的时候，大家觉得他可以上学了。上学的前两年，由于在家里有了额外的辅导，他才勉强通过考试。后来，他又尽力读完了三年级和四年级。只不过他在学校的成绩一直都不怎么样。

　　在家长和教师的眼里，这个孩子是被这样描述的：他懒惰，不能集中精力学习，听课分心。他与同学相处不好，被他们取笑，他也总是表现得

比较自卑。他在学校只有一个朋友。这个男孩很喜欢这个朋友，并经常和他一起散步。他认为其他孩子不够友好，难以与他们相处。他的教师也抱怨，他的数学不好，也不会写作。教师之间讨论的时候，也断定他以后肯定不会有什么改观，所以一直对他听之任之。他的父母也对他失去了信心，他们经常说的话就是：他只要能把学业坚持下来就行了，不指望他会做出什么成绩，以后能独立生活最好啦！

学校和家长对小男孩的态度很明显是建立在一个错误诊断的基础上的。这男孩是被一种强烈的自卑感，即自卑情结所折磨。因为他还有个优秀的哥哥。家长总是认为，哥哥不用特别努力就能升入中学。通常，家长都喜欢说自己的孩子不用努力就能搞好学习，孩子也喜欢这样自我吹嘘。这个男孩的哥哥也许注意训练自己上课时集中精力，认真听讲，记住学校所学的一切，这样他就不用在家里额外学习，从而给人一种无须努力就能搞好学习的印象。而那些在学校不够专心的孩子则不得不在家里温习学业。有时候学习是一件很奇妙的事情，有的人会因为周围亲密的人学习成绩优秀而奋起直追，而有的孩子却不愿意在很大的压力下学习。

这个男孩就是这种现象：他感觉能力不如哥哥，感到自己远没有哥哥有价值。他也许常听妈妈这么说，特别是当她对他生气的时候。他哥哥也会这么说，并称他是傻瓜或白痴。如果男孩不服从哥哥，哥哥就会对他拳打脚踢。我们可以看到，他过去的经历让他相信自己是不如别人有价值的人。实际上，生活也似乎肯定了他的看法。他的同学嘲笑他；他的作业错误百出；他说自己不能集中精神。每个问题都令他恐惧不已。他的教师也不时地说，这个孩子在班级和学校找不到归属感。毫不奇怪的是，男孩最终相信，他不可能避免目前所陷入的境遇，他也相信，其他人对自己的看法也是正确的。一个孩子如此丧失自信，对未来感到绝望，真的是让人怜惜。

当问到这个男孩"你长大想干什么？"的问题时，他更没有什么想法。后来医生建议让他和他的哥哥分开在两个学校，因为这样的话，哥哥带给他的压力就没有以前那么大，这个孩子学习的时候也能更加自由。后来这个方法奏效了：这个男孩很快就适应了新的环境，并且开始努力学习，他的成绩超过了班里的大部分同学。后来他和他的哥哥考进了同一所名牌大学，他之前的自卑感也随之不见了。

这个男孩的事例说明：其实孩子还是很好教的，只要我们方法得当，一个众人眼中的坏孩子也可以很快转变成一个优秀的人。

家长和教师的宽容

宽容是一种必需的品质，特别是对于教师而言，对新的心理学观点怀着开放的心态是很明智的，即使这些观点和我们至今所持的看法相矛盾。

家长对待孩子宽容，就是理解孩子的错误，在适当的时候给予孩子心理支持。宽容不等于对孩子犯的错误不闻不问。这里所说的宽容，是指对孩子所犯一般性错误行为暂时不做指责和批评，经过孩子和孩子双方冷静思考后，再来共同确定或者找出解决问题的办法。

宽容的家长是在孩子做了错事以后，用一种宽大的胸怀接纳孩子的过失，并不去计较追究，只是及时地、技巧性地引导、提醒、启发，使孩子的内心深处受到自责，感到悔恨，促使孩子认识错误，改正错误。玛丽情窦初开的时候和一个男孩发生了关系，并且怀孕了，她很着急，没对家人讲，便找一个朋友把事情解决了。后来她的另一个朋友偶然知道了这件事，如临大敌地向她父亲"揭发"了这件事。父亲很平静地对这位朋友说："我知道这件事，她已经告诉我了。"事后，他教育女儿说："你长大了，很多事可以自己选择、决定，但是要清楚地认识到什么该做，什么不该做，这也是对自己的负责和爱护。"后来玛丽顺利考上了大学，最后成为了一名银行家。她对自己青春期时父亲的那次宽容永远铭记在心。

生活中有很多家长，信奉"严师出高徒"，"棒下出孝子"等传统的教子理论，对孩子期望高、要求严，要求孩子成绩确保前几名，中学上重

点，大学上名牌……孩子小小年纪就被套上了沉重的枷锁，学习负担太重，精神压力太大，完全改变了天真烂漫、活泼稚气的性格。这种"爱的严厉"其实是对孩子天性的扼杀。对孩子宽容，就是不能过度批评孩子。孩子犯的多是无心之错。即使是故意犯错，孩子也没有想到有多么严重的后果，只是觉得好玩、有趣。家长在批评孩子时，只要指出问题的本身就行了，不要过分地夸大错误的性质和危害，以免在孩子幼小的心灵中，形成对外部世界的恐惧，造成不敢大胆做事、缩手缩脚的习惯。

心理学上说，孩子的错误很多时候是盲目造成的，并没有构成一种习惯。而这种偶然性，又往往是由于好奇心和喜欢模仿等原因造成的，并非孩子有意识的错误行为。在这种情况下，家长的宽容是对孩子的理解。孩子体会到了家长的理解，会更加珍惜家长的宽容，加倍努力使自己的语言和行为更规范，尽力把自己要做的事情做好，让家长满意。

作为家长和教师来说，如果能对孩子的行为做具体分析，宽容地对待孩子，这会起到良好的教育效果，就像给孩子指明一条宽阔的大道，让孩子在做错事的时候有一个出口，有一个改正的机会。其实孩子不是有意识做错事的，这时家长应该对孩子宽容。一时做错了事情或者弄坏了东西不是孩子的本意，孩子已经有了心理负担，这时，亟需家长的宽容和谅解。家长的宽容能够给孩子留下一个想象和思考的空间，家长的谅解能够给孩子极大的宽慰和鼓励。

自信易垮不易建

生活中，很多教师都会因为孩子的问题批评他继而带着孩子的问题来羞辱家长，然后家长再反过来对孩子进行一番教育批评。在这种情况下，

到底谁对谁错，都已经不重要了，重要的是找出一个帮助孩子的有效方法，当然，这会遇到很多困难。许多家长听不进任何建议。他们会感到吃惊、愤怒、不耐烦，甚至会表现出敌意，因为教师把他们和他们的孩子置于这样一种令人不快的境地。这种家长有时会无视自己孩子的毛病，闭眼不看现实，但他们现在却要被迫睁开自己的眼睛。

孩子在学校被教师批评的问题并不令人愉快，因为家长都觉得自己的孩子比别人的孩子好，当教师仓促地或太过急切地和家长谈论孩子的问题时，家长自然不愿意听。或许还会和教师展开一场辩论。有的甚至对教师大发脾气，显示出一副不容接近的样子。这时，最好向家长表明，教师的教育成功需要他们的协助。最好使他们情绪平静，能够友好地与教师谈话。我们不要忘记，家长太受传统的、陈旧的教育方法所局限，自然很难一下子解脱出来。

家长在老师那边受到了羞辱，当然会把这种难堪强加到孩子身上，他们或许会用严厉的言词和表情来摧毁孩子的自信。因为教师对他们说的孩子在学校的种种表现已经让他们不能用一种友好、仁爱的态度和方式对待孩子。这样孩子的自信心就会受到极大的打击，即使家长突然改换了一种态度，他的孩子开始也并不认为这种变化是真实的和真诚的。他会认为这是一种权宜之计，他一定会观察很长时间然后才会接受家长对他的态度。

曾经有一位校长，因为他的孩子就在他所在的学校读书，所以他每天都能从教师那里得到关于他孩子的信息。不幸的是，他的孩子正好不是一个很听话的小孩，所以这个孩子每天回家就会受到父亲严厉的批评，这种批评使他的孩子濒于崩溃。不过，由于孩子太懒散，他又失去了耐心，发起火来。一旦孩子做出父亲不喜欢的举动，父亲就会对他发火，并尖刻地加以批评。如果一个自认为是教育者的校长尚且可能发生这样的事情，那么对于那些认为应该用皮鞭去惩罚孩子所犯的错误的其他家长，不难想象其改变之难了。

教师和家长谈话的时候一定要注意自己的语言。因为很多孩子的童年都是在皮鞭的教育下度过的，很多孩子在学校受过批评后，还有家长的皮鞭在家里等他。一想到我们的教育努力经常因家长的皮鞭而付之东流时，我们就会感到悲哀。在这种情况下，孩子经常要为自己的同一个错误受到两次惩罚。其实，这样的批评对孩子来说，一两次可以，如果每次都这样，时间长了，就会摧毁孩子的全部自信。

如果孩子必须把自己不好的成绩单拿给家长看，他就会担心挨打，从而害怕把成绩单给家长看，同时也担心学校的惩罚。于是，一个个怪招就产生了，有的孩子逃学，有的伪造家长签字，还有的考试作弊。当然了，这些问题发生的时候，家长通常会一味地责怪孩子，可是家长却没有想过把孩子的毛病视为其整体的一个部分的人，将比那些习惯根据机械的、僵死的模式来对待孩子的毛病的人更能理解和认识孩子。

教育孩子应该随着时代的发展，善于利用新观念、新方法和新理解，

而不是盲目地和以前一样。现在什么学科都提倡用科学的办法，我们的教育更是要和科学结合起来。只有用科学的方法理性对待自己的孩子，才能更加理解孩子，给予他们更多的帮助。